EINE LUST

BAUEN IST EINE LUST…

ISBN 3-345-00667-7

BAUEN IST EINE LUST …

Sprüche, Gedichte, Lieder und Bräuche vom Bauen zusammengetragen, sortiert und zusammengebaut von Ulrich Nagel

Verlag für Bauwesen
Berlin

Illustrationen
Klaus-Dieter Steinberg

INHALT

Bauen ist eine Lust,
aber der Hundertste weiß erst was kust'.

Überzogene Kosten, offensichtliche Baumängel, schleppende Zahlungen, all unsere Probleme am Bau sind gar nicht neu. Trotzdem haben sich die Bauleute den Spaß an ihrer Arbeit nie (dauerhaft) verderben lassen.

Sprichworte und Lieder aus alter und neuer Zeit spiegeln den herben und zugleich herzlichen Ton der Bauleute wider.

So soll diese Sammlung Bauherren, Bauunternehmern, Handwerkern, Architekten und Ingenieuren die schönen Seiten im Beruf erschließen.

Das Büchlein ist aber nicht nur für die »Leute vom Bau« gedacht, sondern für alle, die Spaß an altem und neuem Brauchtum, den Feiern rund um das Bauen und an Geselligkeit haben. Eine kleine Auswahl aus dem großen Schatz der Ansprachen – ob zu einer Grundsteinlegung oder zum Richtfest – soll helfen, die Feiern zünftig zu gestalten.

Auch wird man finden, daß die Herkunft mancher Gewohnheit und mancher Redensart ihre Wurzeln im Brauchtum der Bauleute hat.

Man kann es halten wie ein Dachdecker ...

Sie werden die Bedeutung und die Quelle dieses alltäglichen Spruches hier finden und dabei manch heitere Entdeckung machen.

Der Reiz der knappen Ausdrucksform des Sprichwortes liegt in der Schlagfertigkeit und der geistvollen Hintergründigkeit der Aussagen, die durch die Illustrationen von Klaus-Dieter Steinberg noch unterstrichen werden.

Wenn in diesem Büchlein zeitgenössische Zitate
vorerst nur in geringem Umfang enthalten sind,

»... so bitt' ich Euch, ihr wollet sammeln lassen alle deutschen Bilder, Reimen, Lieder, Sprüche ... Meistergesäng' (VOM BAUEN), so bei Euch gemeldet, gedichtet, gemacht, gedruckt, denn ich Ursach' habe, warum ich sie gern hätt'.«

Luther

Denn

Das Sprichwort trifft den Nagel auf den Kopf.

Ulrich Nagel

Auf- und Abbauen

Durch Bauen lernt man bauen. *Eifel*

■

Wer die Wahl hat zwischen Aufbauen und Einreißen,
wird besser aufbauen.

■

Was flüchtig aufgebaut, fällt schnell zusammen.

Böhm

■

Man muß erst bauen,
ehe man einreißen kann.

■

Bauen ist schwerer als einreißen.

■

Gebe Gott, daß man anfange einzusehen,
daß nur Rat und Mäßigung zum Baue führen kann;
denn bauen, nicht stets einreißen, tut not.

A. Stifter

■

Durch Weisheit wird ein Haus gebaut und durch
Verstand erhalten. *Sprüche Salomonis*

■

Was einer bawt, daß zerbricht offt ein ander.

■

Die Eintracht baut das Haus,
die Zwietracht reißt es nieder.

■

Ich hab gebaut nach meinem Sinn,
drum, Neider, geht nur immerhin;
und wem die Bauart nicht gefällt,
der bau es besser für sein Geld.

Hausinschrift

■

Wer am Wege baut, hat viele Meister.

Das Mischen bringt groß Freud

Das Mischen bringt groß Freud
bei allen Baufachleut'.
Wir mischen Kies und gelben Sand,
Beton und Kalk und allerhand.
: 1:1, 1:1 wir mischen 1:1 :

Beim Bau vom Fundament
nimm nicht zu viel Zement,
denn wer beim Bau will richtig fahrn,
der muß beim Fundament schon sparn.
Refrain

Und reißt einmal die Wand,
dann lag es nur am Sand,
denn unsre Mischung, das ist klar,
die ist ganz einfach wunderbar.
Refrain

Und liegt die letzte Balkenlag',
dann kommt der Richtfesttag.
In Reihenfolge mischen wir
ein Gläschen Schnaps, ein Gläschen Bier.
Refrain

Der Baurevisor dann
prüft alles, weil er's kann,
und schließlich fragt er den Polier:
»Nun sag' mir mal, wie mischt denn ihr?«
Refrain

Wir mischen 1:1
weil das was wunderschön's,
und wer die Mischung noch nicht kennt:
eine Fuhre Sand, ein Sack Zement!
Refrain

Weise: »Das Lieben bringt groß' Freud«

■

Bauen ist eine Lust,
aber der Hundertste weiß erst was kust'.

■

Wer ein Haus kauft, findet's, wer eins baut, bezahlt es.

■

Wer baut, findet Geld;
hat er gleich keins,
so muß es doch da sein.

■

Ein Jahr baust du an deinem Haus,
drei Jahre lang sitzt du ohne Reis am Tisch.

Vietnam.

■

Wer will bauen ohne Geld,
wird zum Narren in der Welt.

Franz.

■

Bauen ist ein süß Verarmen.

Bauen und prozessieren kann an den Bettelstab führen.

Ital.

■

Narren bauen,
kluge Leute kaufen.

■

Wer baut über den Beutel,
dessen Bauen ist eitel.

■

Bauen hat ein weites Maul.

■

Wer von der Bausucht befallen wurde,
braucht keinen anderen Gegner,
um sich zugrunde zu richten.

Franz.

■

Wer verderben will und weiß nicht wie,
kauf alte Häuser und baue sie.

■

Mancher baut ein Haus
und muß zuerst hinaus.

■

Zum bawen gehören gutte wissenschafft,
grosser vorrath, ein beutel vol gelt,
ein Seckel vol gedult, gute trewe Bawleut,
nicht Sudler, Hudler, Tagedieb, Holtzdieb, Kalckdieb.

■

Wenn sich die Häuser durch lautes Geschrei aufbauen
ließen, so hätten die Esel längst alles, was
verfallen ist, aufgebaut. *Arab.*

■

Wer nicht bauen gelernt hat,
muß sich hüten, hoch zu steigen.

Man muß so bauen, daß man sich nicht aus dem Hause hinausbaut. *Dän.*

■

Wer baut, lügt.

■

Mancher baut ein Schloß in die Luft, der keine
Hütte auf Sand bauen kann.

■

Man muß bauen mit Steinen, die man hat.

■

Die begierd zu pawen wirt nit gesettigt mit bawen.
sondern gemeret.

■

Bauen ist ein Abenteuer!
Nächst der Liebe und dem Tod
das wunderbarste Abenteuer dieses Lebens.

O. Bartning

■

Wer bauet, muß den Turm bis zum Knopf führen.

■

Die Praxis ist sehr mannigfach,
einer geht durch den Keller,
der andere übers Dach.

■

Wer gern bawet,
der lebt lang.

■

Leute gibt es, die sich schrecklich schinden
für ein Haus in dem sie Ruhe finden.
Wenn es steht vom Keller bis zum Dach,
fällt das Richtfest wegen Krankheit flach.

N. Werner

Man muß bauen, als sollte man ewig leben,
und also leben, als sollte man morgen sterben.

■

Wenn das Haus fertig ist, kommt der Tod. *Arab.*

■

Vil bawen mach wolfeyle Heuser.

■

Stein auf Stein mit Vorbedacht,
gibt zuletzt auch ein Gebäude.

J. W. v. Goethe

■

Baust' ein Haus,
so mach's vollends aus.

■

Hier ist gut sein, hier laßt uns Hütten bauen.

Math. 17,4

■

Das Ende krönt das Werk. *Ovid*

Wo man baut, da pflanzt man Bäume. *Türk.*

■

Wie heimlich Du auch den Turm baust,
seine Spitze wird doch einmal zu sehen sein.

■

Übrigens sollte bei der schlüsselfertigen Übergabe von Neubauwohnungen etwas mehr als der Schlüssel fertig sein.

■

Man mag immerhin Fehler begehen –
bauen darf man keine.

J. W. v. Goethe

■

Konstruktionsfehler sind Keimzellen der Verbesserungsvorschläge.

M. Kubowski

■

Die Reparatur alter Fehler kostet oft mehr als die Anschaffung neuer.

W. Brudzinski

■

All to grad ist ok man fad. *Meckl.*

■

Ein Gebäude, das zu schnell aufgeführt wird, besteht nicht lange.

Holl.

■

Wo es einregnet, nützen gemalte Wände nichts.

■

Ein kleiner Riß ist leichter zu flicken als ein großer.

■

Der feste Bau der Alten
ist schwer in Dach und Fach zu halten.

■ ■ ■

Aus dem Plan entsteht alles

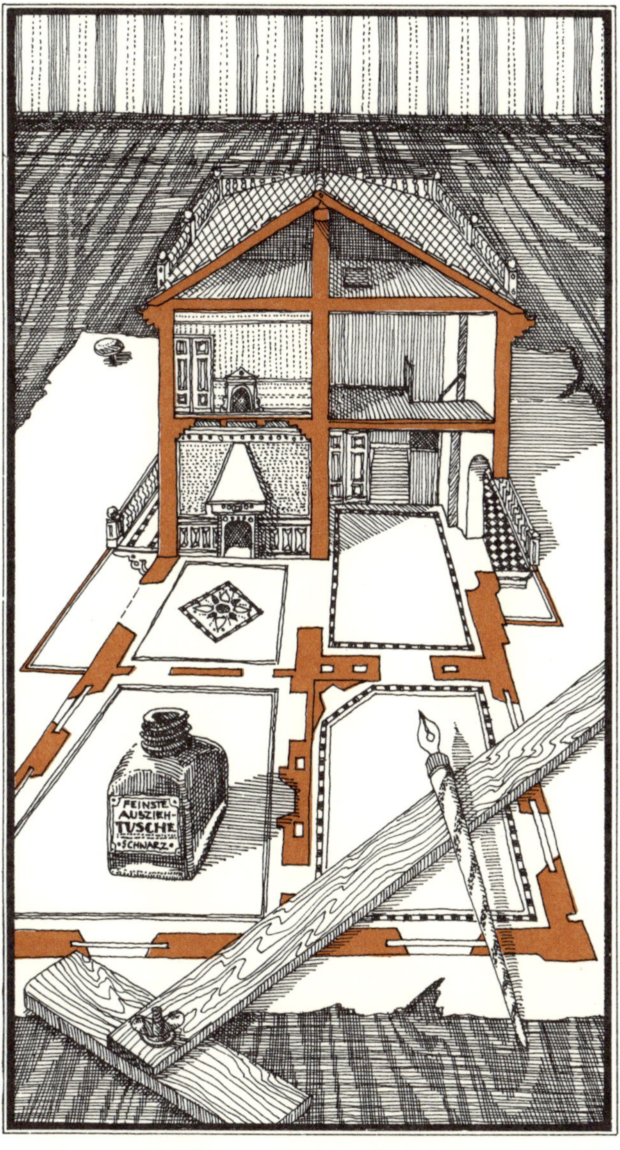

Baupläne

Ein Mensch, von Plänen wild bewegt,
Hat hin und her sich überlegt,
Wie er, es koste, was es wolle,
Sein hübsches Häuschen bauen solle,
Hat, prüfend Dutzende Entwürfe,
Geschwankt, wer es ihm bauen dürfe
Und wo es in der weiten Welt
Am besten würde aufgestellt:
In das Gebirg? An einen See?
Dem Menschen tut die Wahl zu weh,
So daß er Frist um Frist versäumt:
Das nette Häuschen bleibt geträumt.
Ein Unmensch, auf den nächsten Fleck
Setzt kurz entschlossen seinen Dreck.
Der ganzen Welt ist es ein Graus –
Doch immerhin, er hat sein Haus.

E. Roth

■

Die Architektur ist gleichsam eine Weltchronik:
Sie spricht dann noch, wenn die Lieder und die Sagen schon verstummt sind und nichts mehr von einem untergegangenen Volke kündet.

N. Gogol

■

Architektur ist leidenschaftliches Lieben.

A. Korn

■

Architektur und Musik,
euch beide begrüß ich als Schwestern,
die ihr die zwingende Kraft ewiger Maße bewahrt.

E. Geibel

■

Die Architektur ist die Physiognomie der Nationen.

Custine

■

Moderne Architektur ist das aus der richtigen Erkenntnis einer fehlenden Notwendigkeit erschaffene Überflüssige.

K. Kraus

Die Architektur ist erstarrte Musik.

J. v. Schelling

■

Die sakrale Gotik ist eine Architektur der Ebene. Um sich mit der Natur in Kontrast zu setzen, mußte sie die Höhendimension betonen.

W. Rathenau

■

Seht diese Flanken, diese Strebepfeiler,
Die stehn, wie für die Ewigkeit gebaut.

F. v. Schiller

■

Architektur ist das weise, richtige und wundervolle Spiel der Körper unter dem Licht.

Le Corbusier

■

Ein Haus mag groß oder klein sein, solange die es umgebenden Häuser ebenfalls klein sind, befriedigt es alle gesellschaftlichen Ansprüche an eine Wohnung. Erhebt sich aber neben dem kleinen Haus ein Palast, und das kleine Haus schrumpft zur Hütte zusammen.

K. Marx

■

Man kann Grund- und Aufrisse wie Partituren lesen.

S. Giedion

■

Die Theorie ist das Beste an der Praxis.

■

Theorie und Praxis sind eins wie Seele und Leib, und wie Seele und Leib liegen sie größtenteils miteinander in Streit.

M. v. Ebner-Eschenbach

■

Chaussee – ein Streifen Land,
der von einem Ort, wo es langweilig ist,
zu einem anderen führt, wo der Aufenthalt sinnlos ist.

A. Bierce

Der Entwurf ist oft besser als das Gebäude.

■

Das Endziel aller bildnerischen Tätigkeit ist der Bau!

W. Gropius, Präambel zum Programm des Bauhauses

■

Die Baukunst verlangt unter vielem anderen, sich dem hart mitgenommenen ›Bruder Mensch‹ zuzuwenden und für ihn das Heim zu schaffen.

Le Corbusier

■

Baukunst ist raumgefaßter Zeitwille
Lebendig · Wechselnd · Neu.

L. Mies van der Rohe

■

Wir arbeiten jedoch auf einem sehr unglücklichen Gebiet, denn vor dem Bauen können wir unsere Entwürfe nicht im Labor prüfen. *A. Aalto*

■

Schön kann nur sein, was konstruktiv richtig ist.

O. Wagner

■

Wo immer die Technik ihre wirkliche Erfüllung findet, dort erhebt sie sich in die Sphäre der Architektur.

L. Mies van der Rohe

■

Wir müssen irgendwie zu einer elastischen Standardisierung gelangen, die uns nicht beherrscht, sondern, die von uns beherrscht wird.

A. Aalto

■

Wenn die Anzahl der industriell gefertigten Baumaterialien, der Standardteile und der Methoden zunimmt, vermehrt sich auch die Anzahl der verschiedenen Kombinationen und damit auch die Bewegungsfreiheit jeglicher Bauplanung.

A. Aalto

■

Man kann die Zukunft planen, ohne sie sich zu verbauen.

Man kann aber auch sagen, daß jede Architektur der Großstadt, die noch nicht begriffen hat, daß es heute nur noch Kollektiv-Architektur geben kann, ein falsches Stadtbild schafft.

K. Tucholsky

■

Einer schönen Stadt muß man begegnen wie einer schönen Frau: nicht planmäßig, sondern ein bißchen herumtrödelnd.

J. Urzidil

■

Das Schlimmste in einer Stadt ist, wenn die Häuser fehlen.

Russ.

■

Die Entwicklung der funktionellen Idee und ihres strukturellen Ausdrucks ist wahrscheinlich das folgenreichste Ereignis unserer Zeit auf dem Gebiet der Architektur.

A. Aalto

Wir haben weder die Stärke noch die Gelegenheit, alles das Gute und Böse, das wir beabsichtigen, auszuführen. *Vauvernargues*

■

Man soll seinen Plänen nicht zu viel vertrauen, weil das Geschick seine eigene Vernunft hat.

Petronicus

■

Nicht jede Stadt, die einen Kreml hat, ist Moskau.

Russ.

■

Neubauseufzer:
Lieber bissel Unkraut als gar kein Grün.

B. L. Lange

■

Schönheit vergeht – Häßlichkeit besteht.

B. L. Lange

■ ■ ■

Platz ist in der kleinsten Hütte

Hausinschriften

Bauen, freien, pflanzen, werben
hat seinen Gang, bis daß wir sterben.

Hannover

■

Dass dieses Haus aus Noth und nicht aus Lust gebauet,
weiss der, der voriges hat ehemals angeschauet.

■

Dieses Haus stand früher in Gottes Hand
und dennoch ist es abgebrannt,
jetzt hab' ich's wieder aufgebaut
und dem heiligen Florian anvertraut.

Wien um 1700

■

Dies Haus steht in Sanct-Florian's Hand,
verbrennt es, ist's ihm selbst ein Schand'.

Bayern

■

Wenn dieses Haus so lang nur steht,
bis aller Neid und Hass vergeht;
dann bleibt's fürwahr so lange stehn,
bis die Welt wird untergehn.

Westfalen

■

Wer dieses Haus jetzt tadeln will,
der stehe nur ein wenig still
und denk' in seinem Herzen frei,
ob das seine daheim besser sei.

Schweiz

■

Dieses Haus hab' ich gebaut nach meinem Sinn;
dem es nicht gefällt, der geh' nur hin.

Bozen

■

Häuserbauen ist eine schöne Lust;
daß es Geld kostet, hab' ich nicht gewußt.
Drum wer's nicht glaubt, der kann's probieren,
der wird's an seinem Beutel spüren.

Erharding

Dies Haus ist mein und doch nicht mein;
ich gehe aus, du gehst ein.
Mann, wer wird wohl der letzte sein?

Freiburg im Br.

■

Wer baut, der hat der Hasser viel,
der Neider auch nicht minder,
ich bau mein Haus, so wie ich will,
für mich und meine Kinder.

Franken

■

Bessern und Bauen ist ein' schwere Sach',
Wer mir nicht glaubt, der thu' mir nach.

■

Wie ich's am liebsten schaute,
mir dieses Haus ich baute.

Kassel

■

Wann's nur halt'
und mir gefallt,
und kost nit zu viel Geld,
muß es recht sein aller Welt.

Mainz

■

Wenn ich hätt' aller Jungfern Gunst
und aller Meister Kunst
und aller Künstler Witz,
So wollt ich ein Haus bauen auf ein Nadelspitz.
Dieweil ich aber solches nicht haben kann,
So muß ich bauen auf einen Plan.

Das Haus

Ein Mensch erblickt ein neiderregend
Vornehmes Haus in schönster Gegend.
Der Wunsch ergreift ihn mit Gewalt:
Genau so eines möcht er halt!
Nur dies und das, was ihn noch störte,
Würd anders, wenn es ihm gehörte;
Nur wär er noch viel mehr entzückt
Stünd es ein wenig vorgerückt...
Kurz, es besitzend schon im Geiste,
Verändert traumhaft er das meiste.
Zum Schluß möcht er (gesagt ganz roh)
Ein andres Haus – und anderswo.

E. Roth

Wer ein Haus will bauen, muß den Grundstein auf
seinen Beutel legen.

■

Man baut die Häuser von unten auf.

■

Wenn das Haus gebaut, der Weinberg gepflanzt und
die Nacht vertanzt, vergißt man, was es gekostet.

■

Ein Haus von Kot erbauet, hat immer schmutzige Wände.

■

Ein neues Haus muß man das erste Jahr bewohnen lassen
durch einen Feind, das zweite durch einen Freund,
und erst im dritten muß man selber hineinziehen.

Holl.

■

Besser ein kleines Haus ganz, als ein großes halb.

■

Es tut jeder Hütte gut,
Wenn man sie Bungalow heißt.

M. Kubowski

■

Es kann nicht jedes Haus ein Winterpalast sein.

■

Wer ein Haus kauft,
hat manchen Balken und Nagel umsonst.

■

Das leere Haus ist voller Lärm.

■

Dem Hause gibt der Nachbar seinen Wert.

■

Wer ein Haus hat, gehört zur Vielhandwerkerzunft.

Wem Fortuna ein Haus schenkt,
dem schenkt sie auch Möbel.

W. Busch

■

Hausfreund. – Ein hübscher Begriff.
Wer sollte wohl auch einem Haus
feindlich gesinnt sein …

G. W. Heyse

■

Manches Haus zeigt, wie man kein Geld an ihm gespart, sondern nur Verstand.

■

Wer mitten im Haus wohnt, wird von oben besaicht und von unten beräucht.

■

Mein Haus, meine Burg.

Das Haus ist nicht schön durch seine Ecken,
sondern durch seine Küchen.

■

Das Haus macht nicht den Herrn,
sondern der Herr das Haus.

■

Einem Haus sind drei Dinge überlegen:
Der Rauch, ein böses Weib und Regen.

■

Man soll nicht das Haus zerstören,
das uns vor dem Wetter schützt.

■

Ein altes Haus und ein junges Mägdelein
darf man nie aus den Augen lassen.

■

Alte Häuser werden nicht neu,
wenn man sie frisch streicht.

Holl.

■

An einem alten Haus hat man immer zu flicken.

■

Hat man die Häuser zerfallen lassen, so sucht man die Ruinen zu erhalten.

Russ.

■

Wenn das Haus brennt, ist das Wärmen teuer.

■

Wenn große Häuser stürzen, wird viel Staub.

■

Wer auf einmal einreißt,
kann leicht im Schutt ersticken.

Der Innenraum

Man kann mit einer Wohnung einen Menschen genau so gut töten, wie mit einer Axt!

H. Zille

■

Nicht eine große Wohnung, sondern ein großes Herz braucht der Mensch.

Chines.

■

Mal' innen deine Zimmer aus,
Daß sich daran dein Aug' erquicke;
Laß außen ungeschmückt dein Haus,
Daß es nicht reize Feindesblicke.

F. Rückert

■

Hier in Berlin hat man das »Berliner Zimmer« erfunden, mit kaum einer Spur von Fenster, und darin verbringen die Berliner den größten Teil ihrer Zeit.

F. Engels

Es ist dem Menschen im Tiefsten wesentlich,
daß er sich selbst eine Begrenzung setze,
abcr mit Freiheit, d. h. so, daß er diese
Begrenzung auch wieder aufheben, sich
außerhalb ihrer stellen kann.

G. Simmel

■

Die Küche ist das schmutzigste und doch teuerste,
das notwendigste und doch schädlichste
Gemach im Hause. *Dän.*

■

Schmeckt's gut in der Küche,
so schmeckt's um so übler im Abtritt.

M. Luther

■

Die Küche darf nicht größer sein als das Haus.

Jungbrunnes Zauberkraft
ist nicht bloß Sage;
Jugendfrische gibt das Bad,
zaubernd alle Tage.

Inschrift in verschiedenen Badehäusern

■

Besser die eigene Wanne als das fremde Fass.

■

Wer's Bad will gern zu zweit genießen,
den wird es stets enorm verdrießen,
daß einer auf dem Abfluß sitzt,
was der Bequemlichkeit nicht nützt.

Werbespruch für eine Badewanne mit seitlichem Abfluß

■

Je mehr Kloaken, je gesünder die Stadt.

■

Scheißhaus ist Scheißhaus, auch wenn man einen Altar darauf baut.

■

Wer Scheißhäuser räumt, riecht nicht nach Weihrauch.

■

Lasset lieber ungebucht,
all die strengen Thesen! –
Wenn ihr 'mal den Thäter sucht:
Keiner ist's gewesen.

Ob man drauf sitzt oder steht,
Das ist Hocuspocus
Ewig, seit die Welt sich dreht,
stinkt ein jeder Locus.

Inschrift im alten Heidelberger Universitätskarzer

■ ■ ■

Es greift der Mensch zu manchen Stoffen…

Baugrund – Fundament – Wand

Was ist gebawet auf einem sand,
das hat im Sturmwind kein bestand.

Altdt.

■

Wie der Grund, so das Gebäude.

■

Besser ein Grund ohne Haus, als
ein Haus ohne Grund.

■

Wenn der Grund gesunken,
folgt das Gebäude nach.

■

Wir wollen mehr als das Fundament,
aber wir wollen das Fundament zuerst.

Tessenow

■

Lege den Grundstein nicht, wenn du das ganze
Haus nicht bauen kannst.

Russ.

■

Wer bauen will, der lege zuvor einen guten Grund.

■

Alte Mauern fallen, und Misthaufen steigen.

Span.

■

Weiße Wände sind Papier für Narrenhände.

■

Wenn eine Wand fallen will,
so gibt ihr jedermann ein Stößlein.

■

In einer alten Kirchenmauer ist zuweilen
auch ein guter Stein.

Wenn ein Stein aus der Mauer ist,
fallen auch die anderen bald nach.

■

Wer rund und Eckstein zusammen setzet ein
und so aufricht eine Maur,
dem wird es mächtig sau'r.

Dach

Im Regenwetter flickt man keine Dächer,
bei Sonnenschein aber regnet es sowieso nicht durch.

Russ.

■

Dampft das Strohdach nach Gewitterregen,
kehrt's Gewitter wieder auf anderen Wegen.

Prager Kalender 1877

Wenn der Dachstuhl brennt,
nützt weder Beten noch den Fußboden scheuern.
Immerhin ist Beten praktischer.

K. Kraus

■

Jedes Dach hat sein Ach.

■

Wer viele Dächer und Töchter hat,
hat auch nie Freude.

■

Man muß zuerst das eigene Dach decken,
ehe man die faulen Schindeln auf des Nachbars Dache zählt.

■

Besser das Dach verloren als das Haus.

Holl.

Der Ofen

Ein Mensch, der einen Ofen hat,
Zerknüllt ein altes Zeitungsblatt,
Steckt es hinein und schichtet stolz
Und kunstgerecht darauf das Holz
Und glaubt, indem er das entzündet,
Die Hoffnung sei nicht unbegründet,
Daß nun mit prasselndem Gelärme
Das Holz verbrenne und ihn wärme.
Er denkt mit Kohlen nicht zu geizen,
Kurzum, sich gründlich einzuheizen.
Jedoch, aus seines Ofens Bauch
Quillt nichts als beizend kalter Rauch.
Der Mensch, von Wesensart geduldig.
Hält sich allein für daran schuldig
und macht es nun noch kunstgerechter.
Der Ofen zieht nur um so schlechter,
Speit Rauch und Funken wild wie Fafner.
Nun holt der Mensch sich einen Hafner.
Der Hafner redet lang und klug
Von Politik und falschem Zug,
Vom Wetter und vom rechten Roste
Und sagt, daß es fünf Reichsmark koste.
Der Mensch ist nun ganz überzeugt,
Dem Ofen, fachgemäß beäugt
Und durchaus einwandfrei befunden.
Sei jetzt die Bosheit unterbunden.
Um zu verstehn des Menschen Zorn,
Lies dies Gedicht noch mal von vorn.

E. Roth

■

Ein Schornstein, der rauchen soll, kostet viel Geld.

■

Die besten Schornsteine werfen den wenigsten Rauch aus.

■

Es sind gute Schornsteine,
die allerlei Rauch ziehen.

■

Aus einem niedrigen Schornstein kommt der Rauch bald ins Freie.

■

Ein kleiner Kamin macht großen Rauch.

■

Ein schöner Kamin macht ein schönes Zimmer.

■

Es ist leichter, zwei Öfen zu bauen,
als einen zu heizen.

■

Der Ofen ist im Sommer Lehm
und im Winter ein Diadem.

■

Ein alter Often heizt sich leichter als ein neuer.

Zentralheizungsloblied

Wo man heizt, da laß dich ruhig nieder,
Sei der Frost auch noch so kolossal –
Bösewichter haben keine Lieder,
Und sie heizen niemals auch zentral.

Ja, ich wiederhols mit stolzer Spreizung,
Kachelöfen sind veraltet ganz,
Einzig praktisch ist zentrale Heizung,
Sie gibt erst der Wohnung Schick und Glanz!

Freilich, und das will ich nicht verhehlen,
Manchmal ist es mir auch schon passiert,
Daß dem Wirt die Kohlengelder fehlen
Oder daß ein Hahn nicht funktioniert.

Und da friert man denn ganz niederträchtig,
Wenn es draußen starrt in Eis und Schnee –
Dafür aber heizt im Frühling mächtig
Noch bei großer Wärme der Portier!

Ja, ich lob die Wasserheizung immer,
Weil sie mich zur Anerkennung reizt –
Steht nur außerdem in jedem Zimmer
Noch ein Kachelofen, der gut heizt!

Unartige Musenkinder, Hrsg. R. Zoozmann

■

Jeder Ofen ist ein gut Gespann,
im Sommer kühl, im Winter warm.

■

Die Kachelöfen und die Deutschen sind schwer zu heizen, halten aber lange warm.

■

Und wenn man den Kachelofen einschlägt …
(… es wird nichts geändert. Im Mittelalter wurde nach Bränden häufig der Ofen zerschlagen.)

■

Der Kachelofen steht in der Stube
(wurde gesagt, wenn Personen im Zimmer sind, die etwas nicht hören sollten – besonders auf Kinder bezogen)

■

Eine Kachel einsetzen …
(sich bei jemandem in Gunst setzen)

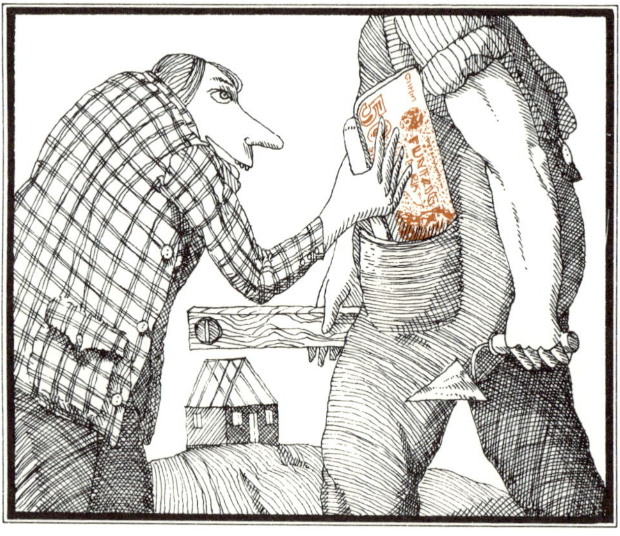

Fenster – Tür

Ein Fenster auf, macht gesunden Lebenslauf.

(saubere Luft im Hause)

■

Besser ein Fenster aus, als ein ganzes Haus,
sagte der Probst, da man ihn warnet,
er werde sich blind saufen.

■

Je größer die Fenster, je stärker das Licht.

Scheidemünze

■

Der Herr beschütze Korn und Wein,
Der Hagel schlag die Fenster ein.

Inschrift in einer Glaserwerkstatt

Eine knarrende Tür hängt noch lange in den Angeln.

Engl.

■

Eine schöne Tür macht eine schöne Fassade,
ein schöner Mund ein schönes Gesicht.

■

Die Tür hat das schwerste Amt im Hause. *Dän.*

Steine – Ziegel

Wer baut, braucht nicht bloß Quader,
sondern auch Füllsteine.

■

Ein alter Backstein hält oft länger als ein neuer.

■

Gut zugehauene Steine schließen sich
ohne Mörtel aneinander. *Cicero*

Auch ein Stein verwittert, wenn er lange genug liegt.

■

Der Stein muß sich nach der Schnur,
die Schnur nicht nach dem Stein richten.

■

Glatte Steine geben keine feste Mauer.

■

Harte Steine und weicher Kalk gibt gutes Mauerwerk.

■

Man soll einen Stein nicht höher heben,
als er sich heben lassen will.

■

Ein Stein atmet nicht,
wenn ihn auch die Sonne bescheint.

■

Es ist nicht allemal der schlechteste Stein,
den der Maurer wegwirft.

■

Ein Ziegel weiss waschen, ledig Stro dreschen,
dem Wind das wehen verbieten, einer vnkeuschen
Frawen hüten, vnnd ein fliessend Wasser
verstopffen, ist alles verlohren arbeit. *Altdt.*

■

Die Ziegel, welche vor dem Regen schützen,
sind bei schönem Wetter gemacht worden.

■

Wann einer so viel Ziegel hätte, als Lügen in
einem Jahr gedruckt werden, so könnte er einen
Thurm, zwey Gaden höher, als den babylonischen, bauen.
Altdt.

Ein Pflasterstein

Ein Pflasterstein, der war einmal
Und wurde viel beschritten.
Er schrie: »Ich bin ein Mineral
Und muß mir ein für allemal
Dergleichen streng verbitten!«

Jedoch den Menschen fiel's nicht ein
Mit ihm sich zu befassen,
Denn Pflasterstein bleibt Pflasterstein
Und muß sich treten lassen.

J. Ringelnatz

■

Wer keine Ziegel zum Dache hat,
fange nicht mit Marmor zu bauen an.

■

Man kann nicht ein Ding mit den Händen,
mit dem Kopf ein anderes tun,
schon gar nicht beim Marmor.

Michelangelo

■

Auch der Marmor ist erst glatt,
wenn er poliert ist.

■

Grauer Marmor ist mehr wert als weißer Kalk. *Russ.*

Lehm – Kalk – Farbe

Wenn der Lehm gebacken ist,
hält er sich für Marmors Vetter.

■

Je mehr man den Lehm tritt,
desto besser werden die Steine.

■

Man muß mit Lehm bauen,
wenn man keinen Kalk hat.

■

Der Lehm ist unser aller Bruder. *Litau.*

■

Der Kalk würde für Marmor gelten,
wäre er ebenso selten. *Russ.*

■

Man merkt nicht, was im Kalk ist,
bis man Wasser dran gießt.

■

Fleiß rührt den Mörtel.

■

Wer keinen Kalk hat, mauert mit Dreck,
Wer keine Jungfern hat, tanzt mit Huren.

■

Wo der Kalk am dicksten liegt,
ist die Mauer am schwächsten.

■

Stein und Mörtel bauen ein Haus,
Geist und Liebe schmücken es aus.
Hausinschrift in Woltersdorf (Mark)

Alter Kalk ist besser und gilt mehr als neuer.

■

Kalk macht auch den Schornstein weiß.

■

Wenn eine schöne Farbe verschießt,
wird sie desto häßlicher.

■

Die Häuser zu Halle, gelb sein sie alle.

(Anfang des 18. Jh. wurden auf Befehl Friedrich Wilhelms I., dem die rauchgeschwärzten Häuser mißfielen, alle mit »wohlfeilem« Gelb gestrichen, es soll aber nicht lange gehalten haben.)

■

Farbe kann so gefährlich sein.

H. Haeusler

Holz

Holz hat Verstand. Eisen hält, so lang's die Niete
zwingen. Wenn der Zwang zerspringt, ist alles hin.
Holz aber denkt und fühlt und biegt und quält
sich mit dem Ganzen. Geht's zum Brechen,
wehrt sich's bis zum letzten Span. Holz hat Seele.

O. Bartning

■

Aus demselben Holze zimmert man
Sauställe und Kirchenstühle.

Böhm.

■

Holz ist Holz, aber Linde und Eiche
fordern verschiedene Streiche.

■

Alt dürr Holtz ist besser den grünes
zu drehen vnd zu bawen.

Altdt.

■

Ein Holzwurm schadet dem Holz,
darin er ist und sonst niemand.

■

Wenn die Hauptbalken nicht eingezapft sind,
so hat das Haus keinen Bestand.

(auch als Empfehlung zur Einigkeit verwendet)

■

Faule Balken und morsche Bretter
geben kein Haus für Sturm und Wetter.

■

Er hat einen Sparren zuviel...

(betrunken sein – Beim zunftmäßigen Trinken stand im Humpen eine kleine Leiter – es wurde von Sprosse zu Sprosse – von Sparren zu Sparren getrunken.)

Wer das Brett am dicken Ende bohren kann,
wird damit auch am dünnen fertig.

■

Der Nagel zog, sagte der Schreiner,
als er ihn in die Tasche steckte.

■

Es liegt nicht immer am Nagel,
wenn die Wand nicht hält.

■

Ein großer Nagel schlägt sich leichter ein
als ein kleiner.

■

Jeder Nagel hat seinen eigenen Kopf.

G. Hartmann

■

Ein Nagel saß in einem Stück Holz

Ein Nagel saß in einem Stück Holz.
Der war auf seine Gattin sehr stolz.
Die trug eine goldene Haube
Und war eine Messingschraube.
Sie war etwas locker und etwas verschraubt.
Sowohl in der Liebe als auch überhaupt.
Sie liebte ein Häkchen und traf sich mit ihm
In einem Astloch. Sie wurden intim.
Kurz, eines Tages entfernten sie sich
Und ließen den armen Nagel im Stich.
Der arme Nagel bog sich vor Schmerz.
Noch niemals hatte sein eisernes Herz
So bittere Leiden gekostet.
Bald war er beinah verrostet.

Da aber kehrte sein früheres Glück,
Die alte Schraube wieder zurück.
Sie glänzte übers ganze Gesicht.
Ja, alte Liebe, die rostet nicht.

J. Ringelnatz

■ ■ ■

Werkzeug will gebraucht sein

Symbolische Bedeutung einzelner Werkzeuge in mittelalterlichen Bauhütten

Maßstab:	weise Einteilung der kurzen menschlichen Lebenszeit
Winkel:	Zeichen der Gesetzlichkeit und des gerechten Lebenswandels
Richtscheit:	Gleichheit der Brüder
Zirkel:	geschlossene Bruderschaft und Grenze des Wirkungskreises
Spitzhammer:	Arbeit an der eigenen Seele, Weghauen alles Rauhen

■

Kein besser Werkzeug als Menschenhände.

■

Werkzeug taugt mehr als Stärke.

■

Gut Werkzeug ist halbe (gute) Arbeit.

■

Ohne Werkzeug ist bös schaffen.

Böhm.

■

Werkzeug will gebraucht sein.

Dän.

■

Wie das Werkzeug, so der Meister.

Poln.

Modernstes Handwerkszeug – Schröpfkelle

■

Wer keine Kelle hat, muß mit den Händen mauern.

■

Wenn das Richtscheit' krumm ist,
so macht eine Krümme die andere.

■

Man muß jeden mit seinem eigenen Zollstock messen.

Russ.

■

Die Wog (Wasserwaage) ist gar hoch zu loben,
sie zeigt an den rechten Kloben.

Alter Steinmetzspruch

Man darf nicht über die Schnur hauen (schlagen).

(Von den Zimmerleuten entlehnt, die ein zu behauendes Holz mit einer geschwärzten oder geröteten Schnur kennzeichneten. Es ist ein Fehler, wenn sie über diese Schnur in das Holz hineinhauen.)

■

ähnlich:
Den Schnurschlag überhauen ...

Man kann schon einmal über die Schnur hauen.

■

Einen in die Schnur nehmen.

(Vom Handwerksbrauch der Maurer; diejenigen, die über die gespannte Schnur treten, machen sich damit »strafbar« und werden mit der Schnur umfangen – sie können sich nur freikaufen.)

■

Auch mit einer kleinen Axt kann man große Späne hauen.

■

Mit der Axt die Tür öffnen und mit dem Schlüssel Holz spalten. *(falsche Mittel einsetzen)*

■

Mit dem Beil in der Hand
kommt man durch das ganze Land.

Russ.

■

Ist das Beil schuld, so ist es auch der Stiel.

Mongol.

■

Die Axt im Haus erspart den Zimmermann.

F. v. Schiller

■

Ein gewundener Bohrer macht ein gerades Loch.

■

Ein kleiner Hammer kann einem großen Nagel den Weg zeigen. *Russ.*

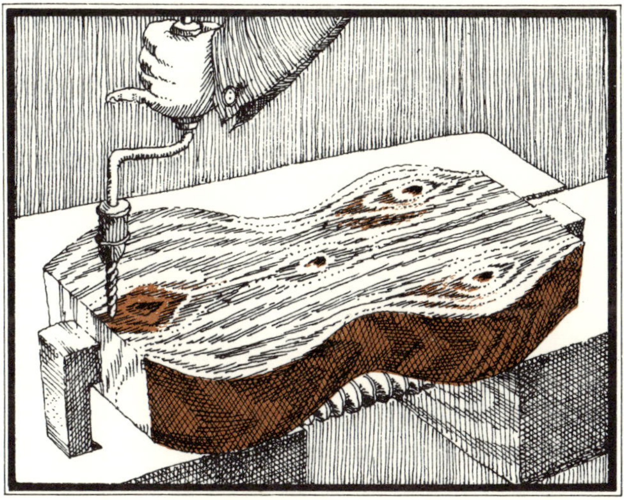

Wer seinen Bohrer liebt,
läßt ihn nicht durch jeden Knorren gehen.

■

Große Hämmer spielen nicht mit kleinen Nägeln.

■

Wer hämmern will, muß nicht zur Zange greifen.

■

Ein Hammerschlag bringt den Nagel weiter als hundert Faustschläge.

■

Mancher klopft mit dem Hammer an der Wand herum
und glaubt, er treffe jedesmal den Nagel auf den Kopf.

J. W. v. Goethe

■

Sägen hab' ich wohl, aber Bretter fehlen mir,
sagte der Tischler zum Pfarrer, als dieser ihm
Segen wünschte.

Ein Hobel, der nicht pfeift,
ein Zimmermann, der nicht seift,
ein Mädchen, das nicht stillehält –
das taugt nichts in dieser Welt.

■

Man muß dem Hobel nicht zuviel Eisen geben.
(Arbeit wird zu grob.)

■

Was unter den Hobel kommt, muß Späne lassen.

■

Wer den Hobel pflegt, den pflegt der Hobel.

■

Er hat den Hobel im Kopf.
(Für närrische Menschen; nach altem Volksglauben waren alle Tischler närrisch.)

■

Wo gehobelt wird, da fallen Späne. Das ist eine Wahrheit, zu der Hobel, Holz und Späne verschiedener Meinung sind.

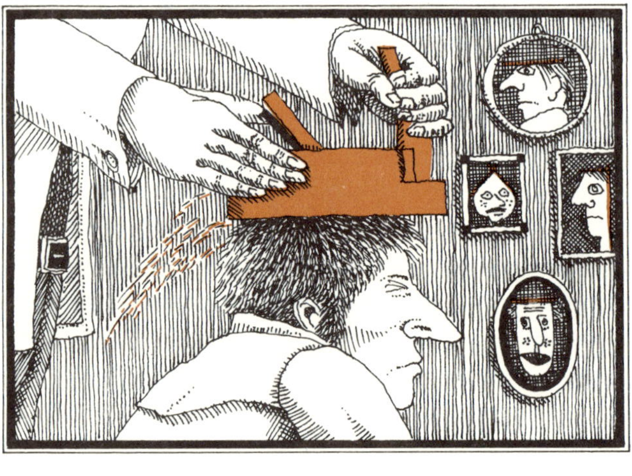

Der muß einen kleinen Pinsel haben,
der eine Laus anstreicht.
(für besonders delikate oder raffinierte Arbeiten)

■

Mit trockenem Pinsel malen... *(etwas vortäuschen)*

■

Man kann wohl mit einem Pinsel zwei Mauern weißen,
aber nicht mit einer Tochter zwei Schwäger machen.

■

Mit einem Pinsel kann man viele Mauern streichen, sagte der Maurer, als er die vierte Frau nahm.

Wer will gut bauen,
muß nach einem guten Gerüst umschauen.

■

Wenn das Gebäude steht, fällt das Gerüst.

■

Das Rüsten wird bezahlt, aber das Herunterfallen nicht.
Niederlausitz

■

Was nützt das Rüsten, wenn man kein Geld
zum Bauen hat.

■ ■ ■

Jeder lobt sein Handwerk

Es ist besser, ein Handwerk gut zu kennen als zehn schlecht.

Russ.

■

Ein Mann ohne Handwerk gleicht einem Vogel ohne Flügel.

Baschkirisch

■

Ein Handwerk ruhet wohl bisweilen, aber es geht nicht ganz zu Boden.

■

Wo Handwerker und Tagelöhner die größere Menge des Volkes bilden, da wird leicht die äußerste und ausgelassenste Demokratie sich erzeugen.

Aristoteles

■

Sind die Bauleute zu viele, so wird das Haus schief.

Chines.

■

Werkleut wissen schöne Häuser zu bauen und wohnen selbst gemeiniglich in den schlechtesten Hütten.

■

Jedes Handwerk hat mehr Pfuscher als Meister.

■

Achttein (achtzehn) Handwark is
nägentein (neunzehn) Unglück.

■

Es ist kein Handwerk gewiß, das nicht treibt Beschiß.

■

Neuer Handwerkerspruch:
Ohne Preis kein Fleiß.

J. Schröder

■

Der einem Werkmann den Lohn gibt vor,
der ist ein Narr und großer Tor.

Ein Handwerker muß sich nach den Leuten richten,
die Leute richten sich nicht nach ihm.

Böhm.

■

Bei manchem Handwerker fällt der Groschen erst,
wenn man mit zehn Mark nachhilft.

A. Brie

■

Ein Handwerker sagte in Quakenbrück:
»Bevor ich mich nach einem Haken bück,
brauch ich was zu essen:
Nur Delikatessen,
weil ich sonst viel lieber mein Laken drück!«

H. Lind

Aufdingen der Lehrlinge

Die ersten Festlegungen über eine geregelte Lehrzeit sind u. a. in Köln 1182 für die Drechsler nachweisbar. Die Altersgrenze für die Aufnahme einer Lehre schwankte zu dieser Zeit zwischen 12 und 18 Jahren
(Maurerlehrlinge: Mindestalter 14 Jahre, 3 bis 4 Jahre Lehrzeit
Steinmetzlehrlinge: Mindestalter 14 Jahre, 5 Jahre Lehrzeit).
Vor der Lehrzeit war eine Probezeit von 2 bis 4 Wochen üblich. Unbedingte Voraussetzung war während des ganzen Mittelalters eine »ehrliche« und »eheliche« Geburt.
»Unehrlich« (rechtlos) im Sinne mittelalterlicher Rechtsauffassung waren einzelne Volksgruppen, wenig geachtete Berufe sowie Personen, denen als Strafe allgemeine Rechte aberkannt wurden.
Die Verweigerung der Aufnahme Gebrechlicher und Behinderter war auch häufig, um das Handwerk vor Spott zu schützen.

> »Das Handwerk soll so rein sein,
> als hätten es die Tauben verlesen.«

Erfüllte der Bewerber alle Voraussetzungen, die er durch Schriftstücke oder durch Bürgen belegen mußte, erfolgte das »Aufdingen des Lehrlings« – seine Aufnahme in die Lehre – vor der geöffneten Lade bei einer Meisterversammlung. Dabei mußte der Lehrjunge geloben, sich ehrlich und treu zu verhalten und seine Lehrjahre ehrlich auszuhalten. Nach dem Handwerksprotokollbuch der Maurer zu Aken wurden um 1720 u. a. folgende Regeln festgelegt:

»...

4. So er aber über verhoffen dem Meister muthwilligerweise etwas versäumen oder freye Montage machen sollte, soll er vor jeden Tag vier Wochen nachlernen.

5. Wann er auf die Arbeit gestellt wird, soll er die Hände, wenn ihm eyner begert, nicht kleben lassen und auf solche Weise sich und dem Meister keinem Schimpf machen; widrigenfalls soll er des Handwerks gäntzlich verlustig seyn.

6. Und so der Meister mit dem Bauherren was zu reden und zu handeln hat, soll der Lernjunge denselben nicht in die Rede fallen und für Schimpf sich hüten.

7. Bei ehrlichen Gelagen soll der Lernjunge seinem Meister aufwarten und nacher Hause zu holen schuldig seyn.

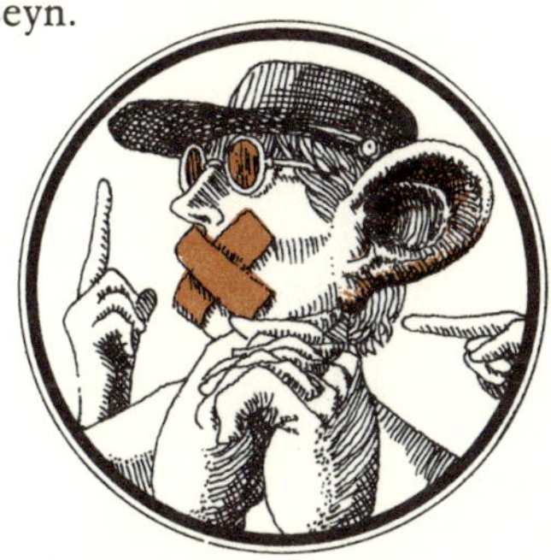

8. So er hörete, daß die Bauherren oder Gesellen von dem Meister schimpflich sprächen, soll er solches dem Meister heimlich mitteilen.

9. Soll er der erste auf der Arbeit und der Letzte davon seyn, das Handwerkszeug aber vor sich in acht nehmen. So aber durch seine Unachtsamkeit etwas davon weg käme, soll er solches bezahlen.

...

13. So ihm vom Meister oder Frauen etwas befohlen würde, soll er nicht murren oder sauer sehen, sondern es gern und willig thun. Und so er diesen vorgeschriebenen Punkten nachlebt, gebührend nachlebt, soll er nach verflossenen drei Lehrjahren frey-, loß- und lediggesprochen werden und zu einem ehrlichen Gesellen gemacht werden.«

Lossprechen der Lehrjungen

Nach Abschluß der Lehrzeit wurde der Lehrjunge vom Lehrmeister wieder »vor offener Lade« vorgestellt und »freigesprochen«. Danach hatte er sich mit den Gesellen »abzufinden«. Dies geschah einmal durch Finanzierung eines Abendessens für die Gesellen und dem sog. »Anpräsentieren« mit dem »Willkommen«. Da für dieses Trinken spezielle Gepflogenheiten eingehalten und Wendungen gebraucht werden mußten, wurde der Junge vorher von älteren Gesellen eingeweiht. Machte er Fehler, und das war bei der Kompliziertheit der Riten und Sätze von vornherein zu erwarten, hatte er für jeden Fehler eine Kanne »Vertragsbier« zu zahlen. Bei den Zimmerleuten wurden ihm am Anfang drei »Freiklagen« gewährt (drei Fehler, für die nicht zu zahlen war). Spätestens 6 Monate nach Abschluß der Lehrzeit mußte die (in der Regel 1/2- bis 3jährige) Wanderzeit angetreten werden.

Gesellenwoche

Der Montag, der Montag, der muß gefeiert werden,
Und was vom Sonntag übrig bleibt, das muß versoffen werden
Ja so ist's recht und so muß's sein,
Lustig wollen wir leben,
Und wenn wir's Geld versoffen hab'n,
Da borgen wir's uns eben.

Am Dienstag, am Dienstag, da schlaf ich bis um neune,
Da kommt des Meisters Töchterlein und haut sich zu mir 'neine.
Refrain

Am Mittwoch, am Mittwoch, das ist die Mitt der Wochen,
Und hat der Meister 's Fleisch verzehrt,
behalt er auch die Knochen.
Refrain

Am Donnerstag, am Donnerstag,
da ist der Hammer g'broch'n,
Und schafft der Meister 'nen andern her,
hab'n wir 'ne schlechte Woch'n.
Refrain

Am Freitag, am Freitag, da backt die Meist'rin Fische,
Und wenn das Glöcklein elfe schlägt,
dann setz'n wir uns zu Tische.
Refrain

Am Samstag, am Samstag, da ist die Woch zu Ende,
Da geh ich zur Frau Meisterin und hol mir 'n reines Hemde.
Refrain

Am Sonntag, am Sonntag, tun sich die Meister prahlen,
Und wenn sie dann kein Geld nicht hab'n,
dann können's halt nicht zahlen.
Refrain

■

Der »blaue Montag«

Noch heute wird der Ausdruck »blau machen« umgangssprachlich für das Fernbleiben von der Arbeit benutzt. Über seine Herkunft gibt es verschiedene Hypothesen und Meinungen. So z. B. abgeleitet aus:

- »blau« für betrunken; am Sonntag betrunken – montags arbeitsunfähig
- der alten Bedeutung des Wortes »blaw« (blau); mittelhdt. ›heilig‹ – freier Tag
- den Schlägereien bei den Gesellenzusammenkünften am Sonntag nach Trinkgelagen – blaue Flecken und Rausch
- den Feiern am Montag, die ihren Ursprung in der Arbeit der Schneider und Schuhmacher am Sonntagvormittag hatten – dafür am Montag frei
- der Ausschmückung der Kirchen zur Fastenzeit mit blauer Farbe – Fastenmontag
- der auch heute noch üblichen Anwendung von »blau« für leer, gehaltlos, nebelhaft – ins Blaue reden, blauer Dunst
- dem Wanderbeginn; der Meister wurde häufig am Montag verlassen – ins Blaue gehen.

■

Das Hütten- und Budenrecht

Die Hüttengerichtsbarkeit betraf bei den meisten Handwerkervereinigungen die Regelung interner Streitigkeiten sowie die über die Handwerksangelegenheiten hinausgehenden Vergehen. Ihr Ziel war die »Reinhaltung der Vereinigungen« von unlauteren Elementen und ein wesentliches Mittel, das Zusammengehörigkeitsgefühl zu stärken. Angelegenheiten, die nur eine Baustelle betrafen, wurden dort im »Budenrecht« beraten (z. B. Einwände gegen einen »Bernhard«). Allmählich nahmen im Rahmen des Budenrechts Erörterungen über Lohn- und Arbeitsverhältnisse größeren Raum ein. Damit wurde das Budenrecht zu einer ersten Basis für die

Interessenvertretung der Steinmetzgesellen (Festlegung von Tarifen). –
Versuchten Gesellen, sich einer Bestrafung oder ungetilgter Schulden durch Wanderschaft zu entziehen, wurden diese in der »Kundschaft« anderer wandernder Gesellen vermerkt. Auch Rundreisebriefe trugen zur weiteren Bekanntmachung nicht beglichener Verbindlichkeiten bei.
Neu hinzugewanderte Gesellen hatten ihre Kundschaft vorzuweisen. Darauf waren eigene, fremde Schulden u. ä. vermerkt. Einige Berufsgruppen führten daneben noch für jeden Gesellen einen Zettel (»Frachtbrief«, »Latte«) mit derartigen Angaben. Durch Einzahlung an eine Brüderschaft, die die Gelder dann zum Fordernden schickte, konnten Schulden auch aus der Fremde beglichen werden. Weigerte sich ein Geselle zu zahlen, war er anderswo durchgebrannt, wurde ihm während des Aufklopfens »langschäftig ausgeschenkt« – kräftig von allen Gesellen mit Fäusten geschlagen. Dieses Mittel half immer und wurde auch in den Rundreisebriefen vermerkt «... ist langschäftig ausgeschenkt worden«.
Neben Geld waren Wachs für Kirchenlichte der Zunft oder Bier zum Vertrinken üblich, in besonders schweren Fällen zeitweiliger oder gänzlicher Verweis aus dem Handwerk. Wurden von Meistern die gegen sie verhängten Strafen nicht abgetragen, waren gegen sie spezielle Repressalien üblich. Dazu gehörten das »Schelten«, das »Auftreiben«, das Fenster zunageln. Gesellen wurden auch gescholten und damit aufgetrieben, wenn sie ihr Wissen über andere Untaten verschwiegen. Ein aufgetriebener Geselle wurde in keiner Werkstatt geduldet. Kein ehrlicher Geselle arbeitete neben ihm und verkehrte mit ihm. War ein Meister aufgetrieben, bekam er keine ehrlichen Gesellen, wurde nicht zu den Zusammenkünften des Handwerks geladen und hatte keine Rechte in der Zunft (konnte aber im Ort bleiben). Die Namen der Aufgetriebenen wurden neben mündlicher Weitergabe in das »schwarze Register« eingetragen.

Ist nur ein lustiges Leben zu schau'n,
Ist es das Leben, zu schaffen und bau'n;
Böt' mir ein Kaiser sein Szepter und Thron,
Tauscht' ich doch nimmer und lachte ihm Hohn.
Lustig, ihr Brüder, und singet es laut:
Lustiges Leben – wer schaffet und baut!

Zirkel und Schiene und Winkel und Blei
Gehn durch die Hände gar fröhlich und frei:
Hände, sie zeichnen, und Schädel, er heckt,
Leicht auf dem Brette entspringt das Projekt.
Lustig, ihr Brüder, und singet es laut:
Lustiges Leben – wer schaffet und baut!

Stehen hoch oben auf luft'gem Gerüst,
Wo uns der Morgenwind herzet und küßt;
Maurer, er mauert, und Zimmermann beilt,
Tischler, er hobelt, und Schlosser, er feilt.
Lustig, ihr Brüder, und singet es laut:
Lustiges Leben – wer schaffet und baut!

Pfeiler und Wände, sie steigen empor,
Spitze, sie türmt sich, es wölbt sich der Chor,
Schimmernd hoch oben das Kränzlein schwebt –
Was wir erdachten, es stehet und lebt.
Lustig ihr Brüder, und rufet es laut:
Lustiges Leben – wer schaffet und baut!

Weise: Ännchen von Tharau ... *K. E. O. Fritsch*

Architekt und Ingenieur

Es gibt Projektanten,
deren Namen schneller vergessen sind als ihre Fehler.

■

Es greift der Mensch zu manchen Stoffen,
:,: Wie griffe er :,: zum Bierstoff nicht?
Es stärkt ihm Glaube, Liebe, Hoffen,
:,: Entrunzelt ihm :,: sein Angesicht.
Es trinkt, dieweil der Stoff ihm schmeckt,
So Ingenieur wie Architekt.

Bei jeder Arbeit rätlich fand es,
Der Architekt mit reicher Wahl,
Mit dem Quadrate des Verstandes
Wächst ihm der Durst proportional.
Je mehr ihn die Kultur beleckt,
Je feuchter wird der Architekt.

Der biedre Ingenieur ingleichen
Verachtet nie den sinn'gen Trunk.
Baut Brücken er und stellt er Weichen,
Er trinkt sich erst den nötgen Schwung.
Wenn er den schönen Durst verlör,
Was bliebe dann der Ingenieur?

Nun trennte man die beiden Fächer,
Hier baut man hoch, da baut man tief,
Doch trifft man sich als Mensch und Zecher,
Da einigt man sich instinktiv;
Da drücken sich gerührt au coer
Der Architekt und Ingenieur!

Weise: »Carambambuli« *G. Kawerau*

■

Seht den Architekten schwitzen
In dem engen Atelier!
Ach der Grundriß will nicht klappen,
Die Fassade schreit o weh!

Lahmer wird und immer lahmer
Seine trockne Phantasie;
An dem Gaumen klebt die Zunge,
Es verdorret das Genie.

Und er wirft hinweg den Zirkel,
Durstig will's nicht länger gehn,
Eilt hinab zum dunst'gen Keller,
Wo die Fässer mächtig stehn.

Wie der Wein die Zunge kühlet,
Wächst ihm neu des Lebens Mut,
Und es rollt mit jedem Zuge
Lustger stets das träge Blut.

Da erfaßt ein reges Schaffen
Die vergnügte Phantasie;
Fertig steht im Geist sein Bauwerk,
Klar und schön und sonder Müh'.

Da muß doch 'ne Wechselwirkung
Zwischen Baun und Trinken sein –
Durstig werdet ihr vom Schaffen
Und zum Schaffen treibt der Wein.

Also hört den Rat, ihr Freunde,
Treibet's immer mit Bedacht;
Plagt am Reißbrett euch, doch trinket
Zwischendurch und singt und lacht.

Habt ihr heut am Tag gebauet,
Wollt ihr morgen baun mit Lust,
Weiht den Abend heut der Flasche,
Jubelnd singt aus voller Brust.

L. Hoffmann

Weise: »In des Waldes tiefsten Gründen ...«

Ein Dirigent, in dessen Orchester die Streicher keine Lust haben, die Bläser falsch spielen und der Pauker schläft, wirkt wie ein mit den Armen um sich schlagender Irrer. Und so der Architekt, den die Handwerker und Künstler im Stich lassen.

O. Bartning

■

Das ist seltsam, daß Männer, die sich für Sachverständige ausgeben, einander widersprechen und von einerlei Sache nicht einerlei Begriff haben.

Lukian

■

Drei Dinge machen einen guten Meister:
Wissen, Können und Wollen.

■

Perspektive – auf den Standpunkt kommt es an.

Architekt kommt elegant,
Mit dem Stöcklein in der Hand,
Aufgewichst des Wegs daher,
Seinen Schnurrbart pflegt er sehr!

Ingenieur, der rupp'ge Bär,
Trabt in hohen Stiefeln her,
Sieht er oft verbummelt aus,
Macht sich aber gar nichts draus!

In der Tasch' dem Architekt
Stets ein Skizzenbüchlein steckt,
Skizzen macht er spät und früh,
Im Vertrauen zeigt er sie!

Ingenieur, der hat es los:
Eine Rolle riesig groß,
Trägt er stolz des Wegs daher:
»Whatman« ist's, jedoch noch leer!

Architekt spricht gern vom Fach,
Den Kollegen Übles nach,
Schwärmet nur für seinen Stil,
Alles andre läßt ihn kühl!

Ingenieur baut eine Brück',
Macht die Mauern ziemlich dick,
Schmiert die Fugen mit Zement,
Dieses ist sein Element!

Architekt will nur Fassad',
Ist für's Äußere, für den Staat,
Setzt, wenn's Not tut, kurzer Hand,
Fenster vor 'ne Zwischenwand!

Ingenieur denkt an den Zweck,
Läßt die Possen alle weg,
Lieber macht er nichts, wie schlimm's,
Höchstens nur ein Gurtgesims!

Architekt und Ingenieur,
Eines macht sie ähnlich sehr!
Manches ihnen unverhofft
Über Nacht fällt ein wohl oft!

F. Graf

Weise: »Studio auf einer Reis' ...«

■

Der Architekt, er hat fürwahr,
Den allerschönsten Stand,
Die Kunst erfreut ihn wunderbar
Auch in dem fernsten Land.
Theater, Tempel, Hallendom,
Moschee am Bosporus,
St. Peter und St. Paul zu Rom
sind ihm Kollegengruß.

Desgleichen sich behaglich fühlt
Ein braver Ingenieur,
Ob mild die Ostsee ihn umspielt,
Ob wild das Schwarze Meer,
Ein Schwedlerträger hier und da,
Drehscheib', Kanal und Teich,
Sie stehen seinem Herzen nah'
und stimmen ihn ganz weich.

Gehn so zwei Menschen um zu zwein
Auf lustig Wanderleben aus,
Dann fühlen sie sich nie allein,
Sind überall zu Haus,
So lebe hoch denn dies Projekt!
Mein Herz was willst du mehr?
Hoch! Freundschaft zwischen Architekt
Und zwischen Ingenieur!

P. Wallé

Weise: »Mein Lebenslauf ist Lieb' und Lust ...«

Zeige mir, wie du baust, und ich sage dir,
wer du bist. *Ch. Morgenstern*

■

Es ist schlimm mit der Baumeisterzunft,
sie schonen nicht das Geld, aber die Vernunft.

■

Er ist der beste Baumeister, es fällt ihm nie etwas ein …

■

Wenn ein Baumeister ein Haus baut für einen Mann und macht seine Konstruktion nicht stark, so daß es einstürzt und verursacht den Tod des Bauherrn: dieser Baumeister soll getötet werden.

Codex Hammurabi

■

Du willst bei Fachgenossen gelten?
Das ist verlorne Liebesmüh.
Was dir mißglückt, verzeihn sie selten,
Was dir gelingt, verzeihn sie nie!

O. Blumenthal

Als Gott der Herr die Welt gemacht,
Da hat er sicher nicht gedacht,
Daß man in unserm Säkulum
Mit Dampf wollt' fahren drauf herum.
Das geht bergab und geht bergauf –
Da hört fürwahr verschiednes auf!

Es dacht', als er am sieb'ten Tag
auf seinem Sopha ruhend lag,
Noch Wunder's welche Herrlichkeit
Er da gemacht in kurzer Zeit!
Doch ist die Sache auch danach,
Das zeigt uns jede Wasserwaag'!

Da plagt sich nun der Ingenieur
Und nivelliert die Kreuz und Quer.
Bei Regen, Sonnenbrand und Kält'
Die bucklig angelegte Welt.
Gefäll von hundertelf Prozent!
Da hat verschiedenes ein End'!

Drum wer noch niemals nivelliert,
Noch nie ein Fadenkreuz centriert,
Noch nie bei zehn Grad Kälte stand,
Das Nivellierbuch in der Hand,
Der sieht ein Ländchen, wie die Schweiz,
Noch arglos an in seinem Reiz.

Doch wer die Sache schon probiert
Und im Gebirge nivelliert
Und sich geplagt, geschunden hat,
Bis er's Profil gefunden hat, –
Der fragt sich weise allemal:
warum die Welt so unegal?

F. Graf

Weise: »Als Noah aus dem Kasten war...«

Die Zentripetalkraft bewegt uns
Ins Wirtshaus mit mächtigem Zug,
Dort bleibt dem Gesetze der Trägheit
Gehorsam man sitzen beim Krug.

Infolge des »vacuum fuge«
Trinkt weiter die Zechbrüderschaft,
Dann steigt der Wein in die Köpfe
Vermittelst der Haarröhrchenkraft.

Und sind die flüssigen Gelder
Auf flüssigem Wege verlumpt,
So wird dann hydrodynamisch
Beim Kneipwirt weiter gepumpt.

Der Zentrifugalkraft zufolge
Wirft manchmal der Wirt uns hinaus,
Wir schwanken nach Pendelgesetzen
In Schwingungen langsam nach Haus.

Doch nach dem Gesetze der Schwere,
Sowie nach der Lehre vom Fall,
Bewegt man sich heimwärts statt senkrecht
zuweilen auch horizontal.

Und undurchdringlichkeitshalber,
Wie wegen der Adhäsion,
Kommt man auf dem Heimweg nicht selten
Mit andern in Kollision.

Die Reibung ist dann eine große,
Und Wärme entwickelt sich sehr;
Gewöhnlich am anderen Morgen
Weiß man von der Sache nichts mehr.

So gehn die Gesetze nachtnächtlich
Den urphysikalischen Lauf;
Und wer sie nicht praktisch erprobt hat,
Der gebe das Studium auf.

A. Liszt

Weise: »Ich weiß nicht, was soll es bedeuten ...«

■ ■ ■

Die drei histor'schen Schläge

Gründung von Bauwerken

Riten und Bräuche zu verschiedenen Phasen des Hausbaues sind bereits aus dem frühen Altertum bekannt. Sollten ursprünglich mit Gebeten und Opfern die Götter wohl gestimmt werden, ausreichende statische Erkenntnisse lagen nicht vor, um den Bau zu einem guten Ende führen zu können, verselbständigten sich im Laufe der Jahrhunderte die Bräuche immer mehr, so daß ihr ursprünglicher Inhalt nur noch schwer bestimmbar ist. Von den Bauhandwerkern wurden sie zunehmend genutzt, um den Bauherrn zu animieren, Feste auszurichten. Den Bauherren werden zu diesem Zweck scheinbar besonders wichtige Arbeiten überlassen, die damit symbolische Bedeutung erlangten. –

Den ersten Spatenstich auszuführen oder das erste Rasenstück zu legen (bei Dämmen, Grabhügeln u. ä.) wurde schon im alten Römischen Reich einem Herrscher überlassen. Der damit markierte Baubeginn diente als erster Anlaß für eine Feier. –

Feierliche Grundsteinlegungen sind in der Geschichte und Literatur häufig beschrieben worden (z. B. auch in Goethes Wahlverwandtschaften). Für die Grundsteinlegung wurden besonders bedeutungsvolle Plätze im Bauwerk gewählt, z. B. unter dem Haupteingang, an den Außenecken, oder auch mehrere Grundsteine, insbesondere in Sakralbauten, zur Markierung der Hauptachsen (kreuzförmig). Neben dem bedeutungsvollen Ort wurde auch auf den rechten Zeitpunkt Wert gelegt, der unumgänglich für eine glückliche Ausführung und einen langen Bestand des Baues schien. Die meisten Grundsteinlegungen fallen in den Frühling oder Sommer. Den genauen Tag bestimmten die Babylonier, Assyrer und Ägypter durch Sternbeobachtung. Die Kirche bevorzugte Feste der Heiligen für die Wahl des Tages. Die Stunde der Grundsteinlegung wird durch den Zeitpunkt, wenn die Sonne das Fundament oder den zu legenden Grundstein bescheint, bestimmt. –

Vor dem Versetzen des Grundsteins hält ein Bauarbeiter einen, meist gereimten, Grundsteinspruch. Der Redner überreicht dann dem Bauherrn Kelle und Hammer, dieser versetzt den ersten Stein mit drei Hammerschlägen. Nach der Überlieferung der Steinmetzen sollen sie im Dreieck, zuerst auf die dem Schlagenden abgewandte Spitze, dann auf die linke und zuletzt auf die rechte Ecke des Dreiecks erfolgen (z. B. mit »Weisheit, Schönheit, Stärke«). –

Zusammen mit der Grundsteinlegung wurden als Opfer für die wohl zu stimmenden Götter Vegetabilien, Schlachtopfer, lebende Tiere, Münzen, Schmuck eingemauert. –

Das Bauopfer war fast auf der ganzen Welt verbreitet. Der Aberglaube, jeder Neubau fordere ein Opfer, beruhte insbesondere auf dem Gedanken, daß dämonische Erdgötter versöhnt werden müssen, da der Mensch beim Bauen in ihren Herrschaftsbereich eingreift. Bei bedeutenden Bauten glaubte man, dies nur durch Menschenopfer zu erreichen. Das Opfer von Kindern ist dabei besonders häufig erwähnt, teils als Ersatzopfer für Erwachsene, teils wegen des unbescholtenen Lebens. Ein Überbleibsel dieses blutigen Brauches war das »Einmauern des Schattens«. Bis in das vorige Jahrhundert hütete man sich in Bulgarien und Mazedonien, an einem eben begonnenen Bau vorüberzugehen, da demjenigen, dessen Schatten eingemauert würde, der Tod binnen Jahresfrist sicher wäre. –

Nicht im Sinne des Bauopfers, sondern für spätere Generationen, werden heute bei der Gründung bedeutender Bauten Zeitdokumente in den Grundstein eingelagert.

■

Rammerlieder

Rammerlieder wurden beim Hochziehen des Rammklotzes – »Bär« – im Takt der Arbeit gesungen. Nach jedem Vers schlug der Bär herunter. Den Text der Rammerlieder bilden Anfeuerungen zum kräftigen Ziehen, Rügen fauler Arbeiter, Trinkgeld heischende Ermunterungen oder Neckereien an Zuschauern.

Rammerlied

Hoch den Bär!
Noch viel mehr!
Allzumal
Auf den Pfahl!
Haut den Tropf
Auf den Kopf,
Daß man sieht,
Wie er zieht!
Acht und neun,
Der Pfahl muß 'nein
Durch Felsen und Stein.
Durch Wasser und Sand,
Dem König durchs Land,
Dem Kaiser durchs Reich!
Zieht alle zugleich!
Fünfzehn!
Eingeschoben wird mitunter:
Haut den Hase
Auf die Nase! –
Einer zieht nicht,
Das ist Hase!
Ho ruck!
Hase gibt 'nen Schluck.

Zur Grundsteinlegung

Es ist fürwahr ein alter Brauch,
Zu baun aus Quadersteinen.
Vor grauer Zeit schon pflegten auch
Die Künstler, teils aus kleinem,
Zum anderen Teil aus großem Block
Für Landmann, Bürger, Kaiser
Ein Heim zu bauen Stock auf Stock.
Auch heut ist man nicht weiser.
In Form und Stil wie mancherlei
Der Stoff auch Wechsel biete,
Die große Menge bleibt dabei:
Der Stein nur ist solide.
Behaun, gefügt, geformt so schön
Gesimse und Reliefe;
Den Mörtel darf man nicht umgehn
Gleich anfangs in der Tiefe.
Da gilts ein gutes Fundament,
Eine sichere Unterlage.
Ein guter Grundstein bürgt fürs End,
Das lehrt die alte Sage.
Er trägt den Bau so hoch und kühn
In riesigen Gestalten.
Rast auch der Sturm darüber hin,
Man sieht nicht Ritz noch Spalten.
Und lächelnd schaut der Meister dann
Dies Stürmen und dies Toben:
»Der Bau steht fest, komm's wie es kann,
Das Werk muß mich ja loben.«
Auch stehn wir heut an dieser Stell
Mit ernsten hehren Zügen,
Baurat, Baumeister und Gesell,
den Grundstein einzufügen.
So bette dich zur Unterlag.
In Mörtel ich dich lege.
Ich geb' dir heut am Gründungstag
Die drei histor'schen Schläge.
(drei Hammerschläge)

um 1880, gekürzt

Grundsteinspruch

Alles, was der Mensch ersinnt,
Jedes Ding, das er beginnt,
Muß auf festem Grunde stehn,
Soll es gut vonstatten gehn. –
Wer auf blindem Glück vertraut
und auf seichtem Grunde baut,
Läuft zu jeder Zeit Gefahr,
Daß sein Wirken eitel war;
Nur auf kurze Zeit besteht
Und wie leichte Spreu verweht. –
Alles was der Mensch erfand,
Jedes Werk von seiner Hand,
Muß gar wohl begründet sein,
Sonst kann nimmer es gedeihn.
Wer die goldne Regel weiß,
Ist mit allem Ernst und Fleiß
Immerfort darauf bedacht,
Daß er sie sich eigen macht;
Und der Maurer hält daher
Auf die Regel desto mehr,
Weil er ihren Wert erkennt. –
Ist des Hauses Fundament
Stark und tüchtig und genau
Angemessen für den Bau,
Welchem es zum Grunde liegt,
Wohl verbunden und gefügt,
Daß kein Unfall es bedroht,
Nach der Waage und dem Lot,
Winkel, Richtscheit und der Schnur,
Dann gerät das Ganze nur. –
Und, nach hergebrachtem Brauch,
Bitte ich den Bauherrn auch,
Daß er nun den Hammer nimmt
Und drei Schläge, wie bestimmt,
Nicht zu lose, nicht zu fest,
Sondern auf das Allerbest'
Auf des Grundsteins Mitte tut,
Daß er fest und sicher ruht. – *(drei Hammerschläge)*

»Auf des Bauherrn Wohlergehn!«
Möge fest sein Glück bestehn;
Daß er sich recht lange Zeit,
Frei von Sorge und von Leid,
Seines Werkes freuen kann:
»Vivat hoch! Der Ehrenmann!« –
Auch nunmehr zu guterletzt
Den Gewerksgenossen jetzt
»Meistern und Gesellen noch
Ein recht herzlich Lebehoch!« –
Kell' und Hammer nun zur Hand:
Jedermann auf seinen Stand.
Füget fleißig Stein an Stein
Regelrecht in Mörtel ein,
Daß die Arbeit sich erprobt
Und das Werk den Meister lobt.

Gekürzt nach F. C. Feßler

Zur Grundsteinlegung

Auf Gründlichkeit muß jeder Kluge sinnen
Bei allem, was er unternehmen mag;
Denn jedes Werk kann Fortgang nur gewinnen,
Wenn ihm ein fester Plan zum Grunde lag;
Der Meister, der ein solches will beginnen,
Denkt wohlbedächtig stets und weise nach:
Läßt dich die Einrichtung, die du getroffen,
Des Unternehmens guten Fortgang hoffen?

Der Maurer sei jedoch vor allen Dingen
Mit dieser Klugheitsregel recht vertraut.
Es kann sein Unternehmen nur gelingen,
Wenn er auf einem sichern Grunde baut.
Will er durch seinen Fleiß zu stande bringen
Ein Werk, von späten Enkeln noch geschaut,
Dann muß er mit sich selbst zu Rate gehen,
Wie wohl der Bau mag dauerhaft bestehen?

Und seine Wissenschaft wird ihm dann sagen,
Wie er am sichersten den Zweck erreicht.
Er wird vor allem andern Sorge tragen
Für festen Grund; und ist der Boden leicht,
So wird zuvor ein tücht'ger Rost geschlagen,
Damit das Fundament nicht wankt und weicht.
Dann darf er kühn ans Werk die Hände legen,
Und sein Gedächtnis steht noch spät in Segen.

Und was dem Steine – treu es zu bewahren –
An Kunstfleiß, Schrift und Münzen einverleibt,
Dem späten Enkel einst zu offenbaren,
Von welcher Zeit her unser Werk sich schreibt,
Wenn er, vielleicht nach vielen hundert Jahren,
Hier wieder einen neuen Bau betreibt,
Das möge, jeglicher Gefahr entronnen,
Auch unverletzt in seine Hände kommen.

Dem werten Bauherrn aber jetzt die Bitte,
Er wolle mit dem Maurerhammer nun,
Nach altehrwürd'ger hergebrachter Sitte,
Die üblichen drei ersten Schläge tun,
Mit eigner Hand, recht in des Steines Mitte,
Damit er fest und sicher möge ruhn.
(drei Hammerschläge)

Gekürzt nach F. C. Feßler

■ ■ ■

Die Maurer,
die Maurer, das sind die rechten…

Die Maurer, die Maurer,
Das sind die rechten Laurer:
Eine Stunde lauern sie,
Eine Stunde mauern sie,
Eine Stunde essen sie,
Eine Stunde messen sie,
Eine Stunde gaffen sie,
Eine Stunde schaffen sie,
Eine Stunde rauchen sie Tabak
und so vergeht der ganze Tag.

■

Ich bin in meinem Fach, sagte der betrunkene Maurer, als er in die Kalkgrube gefallen war.

■

Maurerschweiß steht hoch im Preis.

■

Den Maurern ist im Sommer kein Maß Bier zu teuer, im Winter kein Knust Brot zu hart.

Eifel

■

Mauermanns Schwamm brennt nicht.

(Behauptung, daß die Maurer viel Zeit brauchen, bis sie den Tabak zum Brennen bekommen)

■

Wieder ein Vierteltag hin, sagte der Maurer, als er den heruntergefallenen Hammer holen ging.

■

Ein guter Maurer verwirft keinen Stein.

■

Behüt uns Gott vor teurer Zeit,
Vor Maurer und vor Zimmerleut.
Denn wo die drei sich zusammenfinden,
da fängt der Geldsack an zu schwinden.

Was soll es auch ewig halten, sagte der Maurer,
da fiel ihm der Backofen über dem Kopf ein.

■

Wer zu den Maurern geht, wird gemessen.

(Abwandlung zu: Wer sich in Gefahr begibt. kommt darin um.)

■

Viktoria!

Maurerlied zur Wanderschaft

Ein mancher der dünkt sich ein Maurer zu sein,
Ist doch noch nicht kommen ins Handwerk hinein,
Denn er hat stets gesessen zu Haus in seinem Nest
und lüget und lügt, daß er überall sei gewest.

Ein mancher aber der reiset wohl aus
Von Ostern bis Pfingsten, kehrt wiederum nach Haus.
Der pratschet, er hab sich in der Fremde rumgeschlagen,
Von Ostern bis Pfingsten kann auch schon was sagen.

Ein mancher der reiset, reist aber nicht weit,
Daß er gleich kann haben seine Mutter an der Seit.
Und tut ihm was fehlen, so darf er's nur sagen,
So bringt's ihm seine Mutter in der Schürze getragen.

Frühmorgens, Frühmorgens, wenn's Glöcklein tut läuten,
So bringt es uns Maurersleut ein lustiges Zeichen:
Dann wir rennen und laufen die Straße ab und auf,
Spricht einer zum andern »Herr Bruder, steh auf!«

Das Lied ist gesungen zu unserem Diskurs,
Und manchem Bauerlümmel zu seinem Verdruß.
Und will er was haben, so darf er's nur sagen,
So wollen wir ihm das Leder gleich tapfer voll
schlagen.

Nach Rowald

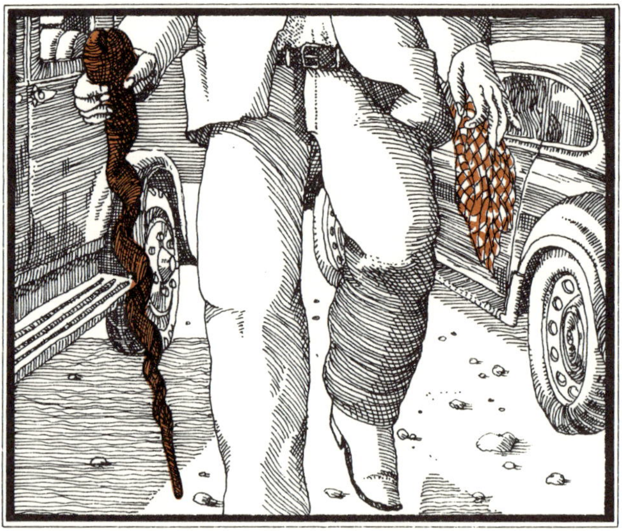

Wanderschaft und Zusammenkünfte der Maurergesellen

Zog ein Geselle auf Wanderschaft, hatte er eine Reihe spezieller Bräuche zu beachten. Wanderte er in eine Stadt ein, mußte er in der Mitte der Straße gehen und durfte den Bürgersteig nicht betreten. Die übliche Kopfbedeckung der Maurer war ein Hut. Maurer durften keine Handschuhe tragen. Kein Maurergeselle durfte je das Halstuch ablegen. Wenn er es bei großer Hitze nicht um den Hals trug, mußte es an der Kleidung befestigt sein. Sobald er an das Stadttor kam, hatte er das Felleisen auf der linken Schulter zu tragen. (Andere Gewerke hatten in der Kleiderordnung oder beim Tragen des Gepäckes eigene Erkennungsmerkmale.) –
Mit dem Stock in der rechten Hand hatte der zugewanderte Geselle direkt zur Herberge zu gehen, ohne vorher bei einem Meister vorzusprechen.
Mit dem Wanderstock klopfte er dreimal an die Herbergstür.

Darauf trat zuerst der Herbergsvater oder die Herbergsmutter heraus. Der fremde Maurergeselle hatte zu fragen:
»Sind ehrbare fremde Maurergesellen hier, die hier in Arbeit stehen?«
War dies der Fall, mußte ein Geselle vor die Herberge treten, und ein längerer, teilweise festgelegter Wortwechsel diente als erstes Erkennungszeichen. Daraufhin erhielt der Zugewanderte das »Geschenk«, einen Trunk und ggf. ein Essen sowie bei Ankunft vor Feierabend mitunter ein paar Groschen aus der Lade. – Auch beim Ansprechen eines Meisters um Arbeit waren festgelegte Formeln zu beherrschen. Der Zugewanderte sprach:
»Ehrbar günstiger Meister! Ich sollte ihn grüßen von dem ganzen hochlöblichen Handwerk der Maurer der Stadt N., die in Ehrbarkeit leben, in der Ehrbarkeit sterben, sich der Ehrbarkeit befleißigen, sich der Ehrbarkeit gebrauchen.
Ich habe gehört, daß der ehrbare günstige Meister für mich ehrbaren Gesellen ehrbare Beförderung hätte. So wollte ich Ihn angesprochen haben, mich auf acht oder vierzehn Tage zu fördern, nach seiner und meiner Beliebung und nach Handwerksbrauch und Gewohnheit, so lange es ihm oder mir gefällt.«
War der Meister gewillt, dem Ansprechenden Arbeit zu geben, schickte er ihn zum Polier, der ihm eine Arbeit anwies. Dem Arbeitsbeginn ging aber noch der »Anschlag« voraus. Der Anschlag war ein Gespräch, wieder nach festgelegten Regeln, zwischen dem Polier, den in Arbeit befindlichen Gesellen und dem Zugewanderten. Er beinhaltete den Gruß, Lobreden auf das Maurerhandwerk und mündliche Erkennungszeichen des Gewerkes. –
Am Sonnabend wurde bei mehreren Gewerken »aufgeklopft«. Unter dem »Aufklopfen« wurde das Abhalten der Gesellenversammlungen auf der Herberge verstanden. Zur festgesetzten Zeit klopfte der Altgeselle mit dem »Reglement«, einem mit Bändern geschmückten Holzstab, dreimal auf den Herbergstisch.

Im Handwerkssaal wurden vom Wortführer und seinen Beisitzern die Lade, eine Kerze und die Handwerkskanne, ggf. auch eine Tafel aufgestellt. Nach wiederholtem Klopfen traten alle Gesellen zur Versammlung ein.

Bei diesen wöchentlichen Zusammenkünften wurden alle die Gesellen betreffenden Angelegenheiten geregelt. Das waren die Beantwortung der an die Brüderschaft gerichteten Briefe, das Austragen von Streitigkeiten zwischen den Gesellen sowie das Vorstellen neu hinzugewanderter Gesellen. Dieser Vorstellung schloß sich das »Brüderschaftstrinken« an. Auch hierfür hatten sich feste Formen herausgebildet. Die Brüderschaft konnte nur in einer fremden Stadt, mindestens 4 Meilen von der Heimat entfernt, und nur von einem, der noch nicht ein Jahr in der Stadt war, erworben werden. Der Wortführer trank dem Zugewanderten mit einem Spruch zu.

»Feste Dinge dieser Erden
Müssen unverändert sein,
Willst Du jetzt mein Bruder werden,
Es gescheh bei Bier und Wein,

So mußt Du mit Mund und Hand
Ewig halten Bruderstand.
Sonn' und Mond, die stehen ewig,
Erst're ist ganz unbeweglich,
Also wirst Du nun auch sein,
Ewig bleiben Bruder mein.«

War beim Aufklopfen nichts mehr zu erledigen, erfolgte das »Überschießen der Kasse«. Dazu der Wortführer: »Ist die Gesellschaft damit zufrieden, wenn wir die Kasse überschießen?«
Die Gesellen: »Es ist löblich.«
Das Überschießen der Kasse bestand in dem Vertrinken des Kassenbestandes (ohne spezielle Rückhaltemittel). Das Freibier wurde entweder »in Fried und Einigkeit« oder »nach Handwerksbrauch und Gewohnheit« vertrunken. Bei der Wahl der zweiten Form mußten ganz bestimmte Regeln eingehalten werden, deren Verstoß neues Geld zum Vertrinken brachte. Beim Überschießen der Kasse waren folgende Regeln einzuhalten:

1. Die Trinkgfäße und alle anderen Sachen müssen mit der rechten Hand angefaßt werden.
2. Es muß beim Aufnehmen und Niedersetzen der Trinkgefäße jedesmal mit dem rechten Zeigefinger auf den Tisch getupft werden.
3. Es darf keinem zugetrunken werden, und es muß das Trinkgefäß nach dem Trinken immer wieder abgesetzt werden.
4. Wer sitzt, muß auch sitzen bleiben.
5. Es darf keine Hand und kein Arm auf den Tisch gelegt werden; jeder muß frei und gerade sitzen.
6. Wer raucht, darf die Pfeife nicht auf die Tafel legen, sondern muß sie immer in der linken Hand halten.
7. Wenn der Wortführer das Freibier ansagt, müssen alle den Hut mit der rechten Hand lüften.

Nicht nur beim Überschießen der Kasse gab es feste Trinkregeln, deren Verstoß bestraft wurde.

Das Schnüren

Das Abstecken des Grundrisses mit Schnur kennzeichnet den eigentlichen Bauplatz. Ungerufen durfte keiner über die Schnur treten.
Ein heute noch mitunter ausgeübter Brauch – das Schnüren – begründet sich in dem Aberglauben, daß ein ungerufener Zuschauer auf dem Bau durch »bösen Blick« dem Werk schaden könne. Seine gute Absicht kann er nach Meinung der Maurer und Zimmerleute nur durch ein Trinkgeld beweisen. Mit einem kurzen Spruch wird der Fremde zu einer Spende zum Vertrinken aufgefordert:
»Bester Herr, Sie haben sich vergangen,
Wir haben Sie gefangen.
Die Schnur ist nicht von Samt, auch nicht von Seiden;
Sie ist nicht zu zerreißen, auch nicht zu zerschneiden.
Wir möchten Sie bitten auf ein Bier oder Wein.«
Symbolisch wurde dazu mitunter auch ein an der Schnur hängendes Lot vorgehalten.

Heute ist es auf einigen Baustellen besonders verpönt, wenn beim Übersteigen der Schnur diese berührt wird. Auf die Störung des Bauablaufs und die möglichen Ungenauigkeiten wird lautstark hingewiesen.

Wenn das Glöcklein ...

Wenn das Glöcklein 6 Uhr schlägt,
Wir zur Arbeit sind bewegt,
Ergreifen wir Hammer und Kellen,
Fangen tapfer an zu schellen
Nur ums Meisters Lohn und Preis.
Lustig wer Geselle heißt. –
Wer heißt Geselle? – Wir –
Wo seit Ihr? – Hier –
Laßt Euch hören.
Tralala, Tralala, lustig sein wir Mauerleut da,
Tralala, Tralala, lustig sein wir da. –

Wenn das Glöcklein 8 Uhr schlägt,
Wir zum Frühstück sein bewegt.
Ei, da muß der Bursche laufen,
Bier und Branntwein einzukaufen
Nur ums Meisters Lohn und Preis.
Lustig wer Geselle heißt. –
Wer heißt Geselle? – Wir – *usw.*

Wenn das Glöcklein 12 Uhr schlägt,
Wir zum Mittag sein bewegt.
Ei, da ergreifen wir Messer und Gabel,
Fangen tüchtig an zu schnabeln.
Da wird dem Meister angst und bang
Mauergesellen essen lang. –
Wer ißt lang? –Wir – *usw.*

Wenn das Glöcklein 4 Uhr schlägt,
Wir zum Kaffee sein bewegt.
Dann muß die Köchin laufen,
Eilends ihren Kaffee zu verkaufen.
Dann trinken wir nach unserm Maß,
5, 6, 7 und noch eine Tass'. –
Wer trinkt sie? – Wir – *usw.*

Wenn das Glöcklein 6 Uhr schlägt,
Wir zum Feierabend sein bewegt.
Ei, da geht's wohl in die Stadt hinein,
Wo lauter schöne Mädchen sein.

Da wird gespielt die halbe Nacht, die ganze Nacht,
Bis das Geld ist durchgebracht. –
Wer bringt's durch? – Wir – *usw.*

■

Der Mann mit dem Hut

(Maurerlied; ähnlich auch für Zimmerleute)

Frisch auf ihr Brüder, dieweil wir noch sind
Dieweil wir noch jung an Jahren sind,
Wir wollen uns in die Fremde begeben,
Was kann wohl Schöneres sein?
Wir mauern, wir putzen, wir pflastern dabei,
Die Arbeit bleibt uns einerlei,
Solange die Kelle noch klingen tut.
Hoch lebe jung Mauermanns Blut!
Hoch lebe der Mann mit dem Hut!

Hat man sechs Mädel in einer Stadt,
Die man so treu geliebet hat,
Und nun von ihnen scheiden muß,
Das gibt einen traurigen Schluß.
Ihr Mädels bekümmert euch nicht so sehr,
Es gibt jung Mauersleut ja noch mehr,
Deren Kelle noch schallen tut.
Hoch lebe jung Mauermanns Blut!
Hoch lebe der Mann mit dem Hut!

Kommt nun der kalte Winter heran,
Daß man die Finger kaum rühren kann,
Das Wasser friert am Schleifstein fest,
Der Branntwein steht vor dem Rest:
Da resolvieren wir uns behend
Und machen der Arbeit ein schleuniges End',
Versaufen den Rock, aber nicht den Hut.
Hoch lebe jung Mauermanns Blut!
Hoch lebe der Mann mit dem Hut!

Nach Rowald

Der gewissenhafte Maurer

Ich hab' ein Haus in Berlin, das ist noch wie neu,
Nur oben, da ging mal etwas entzwei.
Nun fehl'n da ob'n ein paar Steine,
's müssen neue dorthin,
Ich sagt' zu 'nem Maurer: »Na, die sind doch bald drin?«
»Aber gewiß, lieber Mann,
Da fang'n wir gleich morgen an!«
Also um acht soll er ankomm'n – 'ne Stunde vergeht –
Da seh' ich ihn 'rankomm'n – ich sage: »'s ist spät!«
»Nee«, sagt er, »'s ist neune –
's ist die richtige Zeit.
Der Weg zählt doch mit – und ick wohne sehr weit.
Ick wollt' die Straßenbahn nehm'n – keine zu sehn.
Ick ruf 'n Auto – ›Besetzt!‹ –
Na, da mußt' ich doch gehn.
Aber nun gehn wir 'ran – nun fang'n wir gleich an.«
Na, nun sieht er sich um – recht gründlich, exakt –
Was er mitgebracht hat – wird ausgepackt. –
Er guckt 'rauf nach dem Haus. –
»Da fehlt 'n Stein an dem Fleck.«
Also nimmt er 'nen Stein – und –
legt ihn gleich wieder weg.
Er sucht erst 'ne Leiter, um nach oben zu gehn –
Trägt sie acht Schritte weiter – da schlägt es zehn.
Na, nun frühstückt er 'n bißken,
Holt sein Pülleken 'raus –
Steckt die Pfeife in Brand –
Die geht fünfzehnmal aus. –
Und wie sie brennt, sagt er dann:
»Nun fang'n wir gleich an.«
Er nimmt noch 'ne Prise – es ist über elbe –
Dann nimmt er den Stein – 's ist noch immer derselbe –
Da muß er niesen – der Kopf wird ihm schwer.
Er legt den Stein wieder weg –
Denn sonst gibt's 'n Malheur.
Er sucht nach 'nem Tuch – er hat leider keins –
Ich sage: »'s gut – hier haben Sie meins.«

Nun fühlt er sich wieder wohl –
Wie'n Fisch in der Elbe,
Und dann nimmt er den Stein,
's ist noch immer derselbe –
Und will auf die Leiter – da schlägt es zwölbe.
Na, nu legt er 'n Stein wieder weg –
Seine Frau bringt das Essen –
Nach so 'ner Arbeit, da schmeckt's –
's wird feste gegessen.
Sie setzt sich zu ihm – er setzt sich zu ihr,
Es gibt Karbonade und Gurken und Bier. –
Dann liest er die Zeitung
Und sagt entrüstet zu ihr:
»Du, da streiken sie wieder –
Die soll'n schaffen, wie wir.«
Dann gibt er ihr 'n Küßcken,
Dann schläft er 'n bißken.
Und dann schlägt die Uhr zwei –
Da ist schon die kurze Pause wieder vorbei. –
»Nu«, sagt er, »geht's 'ran –
Jetzt fang'n wir gleich an!«
Nun wird der Lehm umgerührt – der weiche, der gelbe –
Und dann nimmt er den Stein –
's ist noch immer derselbe –
Da wird ihm schlecht – die Gurken, das Bier –
Er legt den Stein wieder weg
Und nimmt sein Zeitungspapier,
Denn der Stein wäre wen'ger geeignet dafür –
Und geht an 'ne Tür,
Und da steht: »Hier!«
Kommt nach drei wieder 'raus aus dem kleinen Gewölbe
Und dann nimmt er den Stein –
's ist noch immer derselbe –
Und geht nun wirklich, ohne Rast, ohne Ruh',
Mit dem Stein auf die Leiter – wat sagen Sie nu? –
Die hat zwanzig Sprossen – jede 'n Fußbreit entfernt,
Aber er geht unverdrossen, gelernt ist gelernt.
Da, bei der achtzehnten hält er. Die Uhr schlägt vier.
's ist Feierabend – und er steht hier –
Nicht oben, nicht unten – die Sache geht schief.

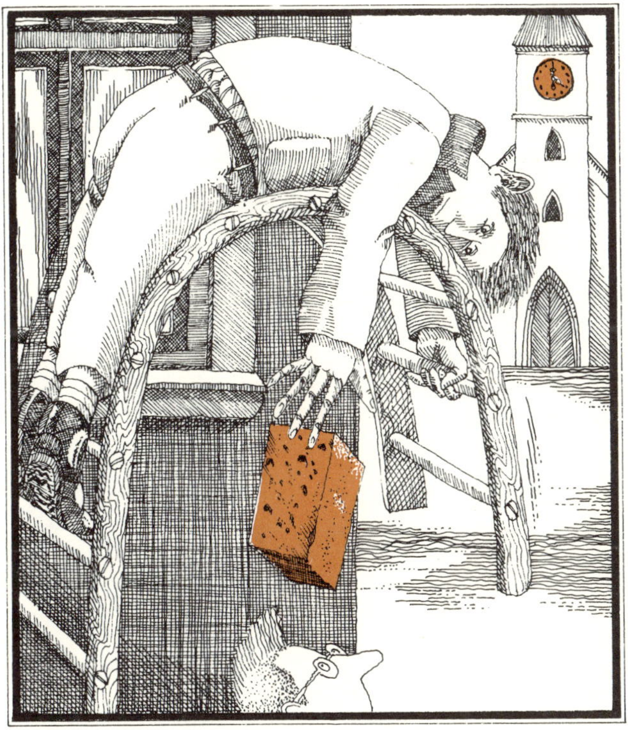

Er darf nicht mehr weiter – nach 'm Tarif.
Er hat noch zwei Sprossen –
aber er darf sie nicht gehn –
Oder achtzehn nach unten – ja, aber nicht mit'n Steen.
Was soll er nun machen – so nah am Ziel?
Er schwankt zwischen Arbeits- und Pflichtgefühl.
Aber's Pflichtgefühl siegt –
»'s ist egal«, sagt er grob,
Und er läßt den Stein fallen – und mir uff'n Kopp. – –
Und wie ich schimpfe, da sagt er:
»Warum stehn Sie denn hier? –
Wir brauch'n Ihr'n Kopp nich –
Sie könn' ja schaffen, wie wir. –«

O. Reutter

Steinmetzzeichen

Den Steinmetzen wurde am Ende der Lehrzeit ein »Ehrenzeichen« (Steinmetzzeichen) verliehen. Bei der Erteilung des Zeichens wurde dem Wunsch des Gesellen möglichst Rechnung getragen. Er konnte das gewünschte Zeichen aufmalen; Meister und Gesellen prüften, ob es nicht einem schon bekannten zu ähnlich sei. War das nicht der Fall, wurde es ihm feierlich zugestanden. Immer hatte er dieses Zeichen aus dem Grundschlüssel seiner Bauhütte abzuleiten. Dieser Grundschlüssel, oder Mutterfigur, bestand in einer bestimmten Anordnung einiger geometrischer Figuren (Quadrate, gleichseitige Dreiecke und Kreise). Aus der verschiedenartigen Überlagerung dieser Figuren ergaben sich die einzelnen Grundschlüssel.

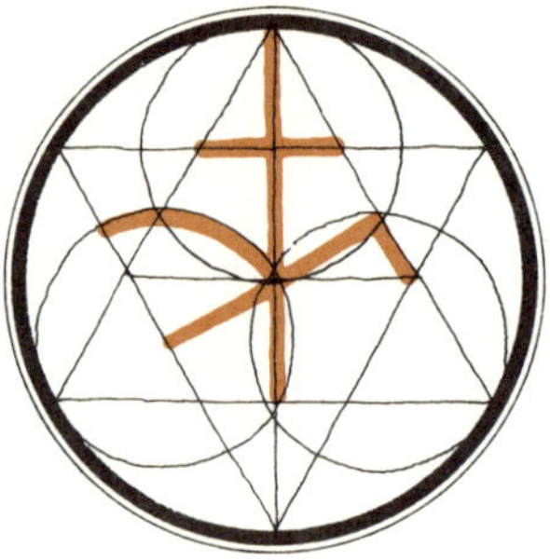

Die Handschenk der Steinmetzen

Ein Erkennungszeichen wandernder Steinmetzen war »die Handschenk«. Die Handschenk war eine nur den Eingeweihten bekannte Art der Begrüßung als Händedruck. Beim Geben der Hand drückte jeder der sich Begrüßenden mit dem Daumen den ersten Knöchel des Zeigefingers des anderen schnell zweimal hintereinander, um dann nach kurzer Pause noch einmal und nun etwas fester und länger zu drücken. Das mußte sich insgesamt so schnell vollziehen, daß ein Fremder diese Art des Händedrucks nicht wahrnehmen konnte. Zweifelte einer der sich Begrüßenden, ob die Handschenk richtig gegeben war, reichte er seinem Gegenüber noch einmal die Hand. Nun wurden die Hände tiefer als vorher ineinandergelegt, so daß der ausgestreckte Zeigefinger etwas über das Handgelenk hinausreichte. In der Pulsgegend wurde beim Geben der Hand ein fester Druck ausgeübt.

■

»Bernhard«

Der »Bernhard« war eine Bezeichnung für die Strafen bei den Steinmetzgesellen. Die Herkunft des Begriffes stammt wahrscheinlich aus der Legende, daß ein Steinmetz einen Stein verschlagen habe, aus dem die Figur des Heiligen Bernhard hergestellt werden sollte. So wurde lange Zeit ein verhauener Stein »Bernhard«, »toter Stein« oder »toter Bernhard« genannt. Die für den toten Bernhard zu zahlenden Strafen wurden später zum Synonym für alle Strafen der Steinmetzgesellen. – Verpfuschte Steine wurden mit komisch-feierlichem Ernst »beerdigt«, d. h. auf eine Bahre gelegt, Trauerlieder gesungen und zu einem »Begräbnisplatz« an der Werkstatt transportiert. Den Leichentrunk hatte der Steinmetz zu bezahlen, dem der Stein mißraten war. Zögerte der Geselle mit der Zahlung, wurde er »gebrütscht« (gepritscht). Dazu wurde er auf einige zusammengelegte Richtscheite gelegt und dem Bernhard nachgetragen. Die Träger ließen einzeln ihre Richtscheite los, so daß der Getragene herunterfiel. Dazu bekam er einige Schläge auf das Hinterteil. –
Oft war in der Steinmetzwerkstatt ein besonderes »Bernhard-Reglement« angeschlagen, das für die verschiedenen Vergehen die Strafen enthielt. Auch relativ geringfügige »Vergehen« wurden mit Strafen belegt, so zum Beispiel
- wer seinen Stein vor der Pause nicht abfegte
- wer eine Schablone nach Gebrauch nicht wieder vor die Arbeitsbude hing

- wer vor dem festgesetzten Arbeitsbeginn die Arbeit aufnahm
- wer mehr als drei Schläge nach Beginn der Pause machte
- wer den Wetzstein nach der Benutzung nicht abspülte
- wer mit fremdem Werkzeug arbeitete.

Mitunter waren diese Regeln nur den älteren Gesellen bekannt; die jüngeren mußten häufig zahlen.
Wer die festgesetzte Strafe nicht bezahlte, wurde »schwarz« gestellt – es wurde ihm jede Hilfe beim »Auf- und Abbänken« (Heben der Steine auf die Böcke, Wenden, Kanten) versagt.

■

Gleiche / Schlußstein

Die Maurer und Steinmetzen begingen schon im frühen Mittelalter festlich die »Errichtung der Gleiche« – d. h. die Abgleichung der Mauer zur Aufnahme der Balkenlage. Hierzu, aber auch zum Einsetzen des Schlußsteines in einen Bogen oder ein Gewölbe, wurde der Bauherr oder der Baumeister aufgefordert. Eine kurze Schlußsteinrede leitete das Versetzen des letzten Steines ein. Dieser mußte auch wieder mit drei Schlägen befestigt werden.

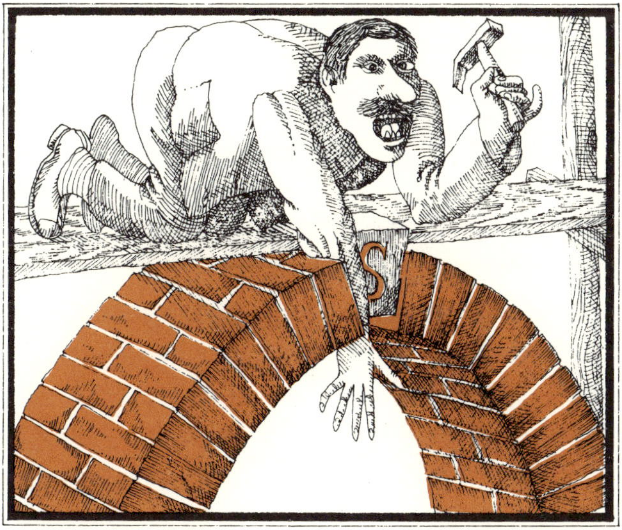

Schlußsteinrede

Mit großer Müh und heißem Schweiß war es zu erringen
Vom Fundament bis hierher diesen Bau
In die Höhe zu bringen.
Denn wo man früher jahrelang hat gemacht,
Haben wir es in dieser kurzen Zeit dahin gebracht,
Mit starkem Arm und munterem Mannesmut
Ging die Arbeit vonstatten immer ganz gut.

Manche schwere Arbeit schreckte uns nicht zurück,
Wir dachten immer, wir hätten das Glück.
Den Mut taten wir nicht verlieren,
Sonst hätten wir diese Arbeit nicht können ausführen.
Denn tief im Wasser, hoch in den Höhn
Kann man zu jeder Zeit die Maurer sehn.
Herr Baumeister, Sie red' ich an,
Wo wir schafften, haben Sie vorgetan.
Sie müssen den Bau sehn,
Eh' das Fundament wird gegraben,
Wie viel Zeit, wie viel Geld,
Wie viel Material muß man haben.
Dann müssen Sie alles wohl überlegen,
Sonst kann man aus seinem Sack darauf legen.
Drum laden wir Sie mit Ehrfurcht ein,
Sie haben gelegt den ersten Stein,
Sie wollen den Schlußstein auch setzen ein.
(drei Hammerschläge)

Schlußsteinspruch für eine Brücke

Auf gehörig starken Widerlagern
Fest genug gegründet, um zu tragen,
Mit dem Lehrgerüste unterstellt,
Nach der Baukunst Regeln, wohl erwogen,
Wölbten wir die kühnen Brückenbogen,
Denen noch der letzte Schlußstein fehlt.

Schon ist er nach seiner ganz genauen
Austragung gehörig zugehauen;
Und so bitt' ich denn den Bauherrn jetzt,
Wenn der Stein hinlänglich ist gespeiset,
Daß Er sich dann so geneigt erweiset,
Und in seine Stelle ihn versetzt.

Nach der alten, hergebrachten Sitte,
Sollen von ihm, in der Steines Mitte,
Die drei letzten Schläge auch geschehn,
Daß die Brücke, jetzt und künft'ge Zeiten,
Nimmer mag aus ihren Fugen gleiten.
Sondern fest und unerschüttert stehn. –
(drei Hammerschläge)

»Hoch soll der verehrte Bauherr leben!«
Möge ihn das beste Glück umgeben,
Bis zur fernsten Lebenszeit hinan. –
»Auch der Meister«, der den Riß bereitet,
Der den Bau mit Einsicht hat geleitet,
»Lebe drei Mal hoch der Ehrenmann!«

Allen Ständen blühe Glück und Segen!
Folge stets auf ihren Lebenswegen
Ihnen Friede und Zufriedenheit!
Die, wie wir, der Baukunst sind ergeben,
»Maurermeister und Gesellen leben
Hoch und abermals hoch jederzeit!«

Gekürzt nach F. C. Feßler

■ ■ ■

Zimmermannshaar

Der Zimmermann zimmert das Haus,
das Schicksal die Menschen.

Hausinschrift, Graubünden

■

Es ist ein Meisterstück, sagte der Zimmermann, da hatte er eine Hundehütte gebaut und vorn das Loch vergessen.

G. Schmidt

■

Die ungeschicktesten Zimmerleute
brauchen die schärfsten Beile.

■

Auch einem alten Zimmermann
kann das Beil einmal abfahren.

■

Es stimmt nicht um ein Zimmermannshaar.

■

Es ist sprichwörtlich bekannt, daß die Axt im Haus uns tatsächlich den Zimmermann erspart, ein Kasten Pilsner jedoch auf ihn anziehend wirkt.

K. Kutzscher

■

Die Anschläge der Zimmerleute halten am längsten.

■

Wenn der Zimmermann lang ums Holz spazieren geht, fällt kein Span davon.

■

Einem faulen Zimmermann rostet das Beil.

■

Kommt ein schlechter Zimmermann in den Wald,
so zittern alle Bäume.

■

Böse Zimmerleute verderben viel gutes Holz.

Die Zimmerleute sind leichte Leute; sie müssen sich
beschweren, wenn sie nach Hause gehen,
daß sie der Wind nicht fortträgt.

(von der Unsitte, Holz vom Bau mitzunehmen)

■

Wenn der Kirchturm 20 Zentimeter kleiner wäre und die Biergläser um so viel höher, dann tät das dem Turm nicht viel ausmachen, aber den Zimmerleuten viel.

G. Schmidt

■

Wer sägt, ehe man ihn ruft, hat Schweiß zum Lohn.

■

Gut Holz, sagte der Zimmermann,
da schlug er sich ein Bein ab.

K.-D. Steinberg

Wenn der Maurer gesündigt,
soll man nicht den Zimmermann hängen.

■

Wenn ein Maurer oder ein Zimmermann
sich zu Tode arbeitet,
so führt sie der Teufel in die unterste Hölle.

(dort wäre es sehr leer)

■

Ein kluger Tischler hobelt nicht wider die Jahre.

■

Vielwisser dürfen in dem Glauben leben,
daß es bei der Tischlerarbeit auf die Gewinnung von
Hobelspänen ankommt.

K. Kraus

■

Hobeln kann jeder,
aber der eine macht Bretter
und der andere Späne.

■

Ehrenlied der Zimmerleute

In dem deutsch und welschen Land
Ist das Handwerk wohl bekannt.
Manchen Bau tun wir aufführen.
Unser Handwerk tut florieren.

Gehen wir in den grünen Wald,
Hauen Bäume jung und alt,
Messens ab, wie es der Brauch,
Schlagen dann die Schnur darauf.

Haut brav drauf der Zimmermann
Mit dem Fallbeil was er kann,
Mit dem Breitbeil haut mit Fleiß
Das Zollmäße gleicher Weis.

Weiht der Bauherr das Holz ein
Mit einer guten Flasche Wein,
Sind wir Zimmerleut bedacht,
Zimmern drauf bei Tag und Nacht.

Bund- und Zwergaxt zum Geschirr,
Mit der Säge schneiden wir,
Daß man sagt zu dieser Zeit:
»Redlich sind die Zimmerleut.«

Mit dem Rötel macht ein Zeichen,
Braucht den Neper auch desgleichen.
Manches Schloß, ja manche Stadt
Hat der Zimmermann gemacht.

Zimmerleut tun viel ausstehen:
Müssen schier vor Hitz vergehen,
Muß allzeit geduldig sein,
Fällt oft Kält und Regen ein.

Ach was wollt man fangen an,
Wenn nicht wär der Zimmermann!
Müßte mancher bald erfrieren:
Zimmerleut die Bäu aufführen.

Ich find ihresgleichen nicht.
Zimmerleut verachte nicht!
Wenn ein mancher stieg so hoch,
Wird er zittern mit dem Loch.

Gekürzt nach einem fliegenden Blatt, Anf. 19. Jahrh.

■

Das Richtfest

Das heut noch bekannteste Fest bei der Bauausführung ist das Richtfest. Ursprünglich war es nur ein Fest der Zimmerleute, das mit dem Aufrichten des letzten Sparrens und dem Einschlagen des letzten Sparrennagels verbunden war. Diese Hammerschläge standen traditionell dem Bauherrn zu. Geschmückt wird der neu errichtete Dachstuhl durch eine mit Bändern verzierte Richtkrone (Richtkranz oder Bäumchen). Gesänge der Handwerker und Hochrufe begleiteten das Anbringen der Richtkrone.
Ein Zimmermann sprach vom Dachstuhl aus den Richtspruch mit Lobpreisungen des Bauherrn, der Baubehörden, der Meister und Gesellen, insbesondere der Zimmerleute.

■

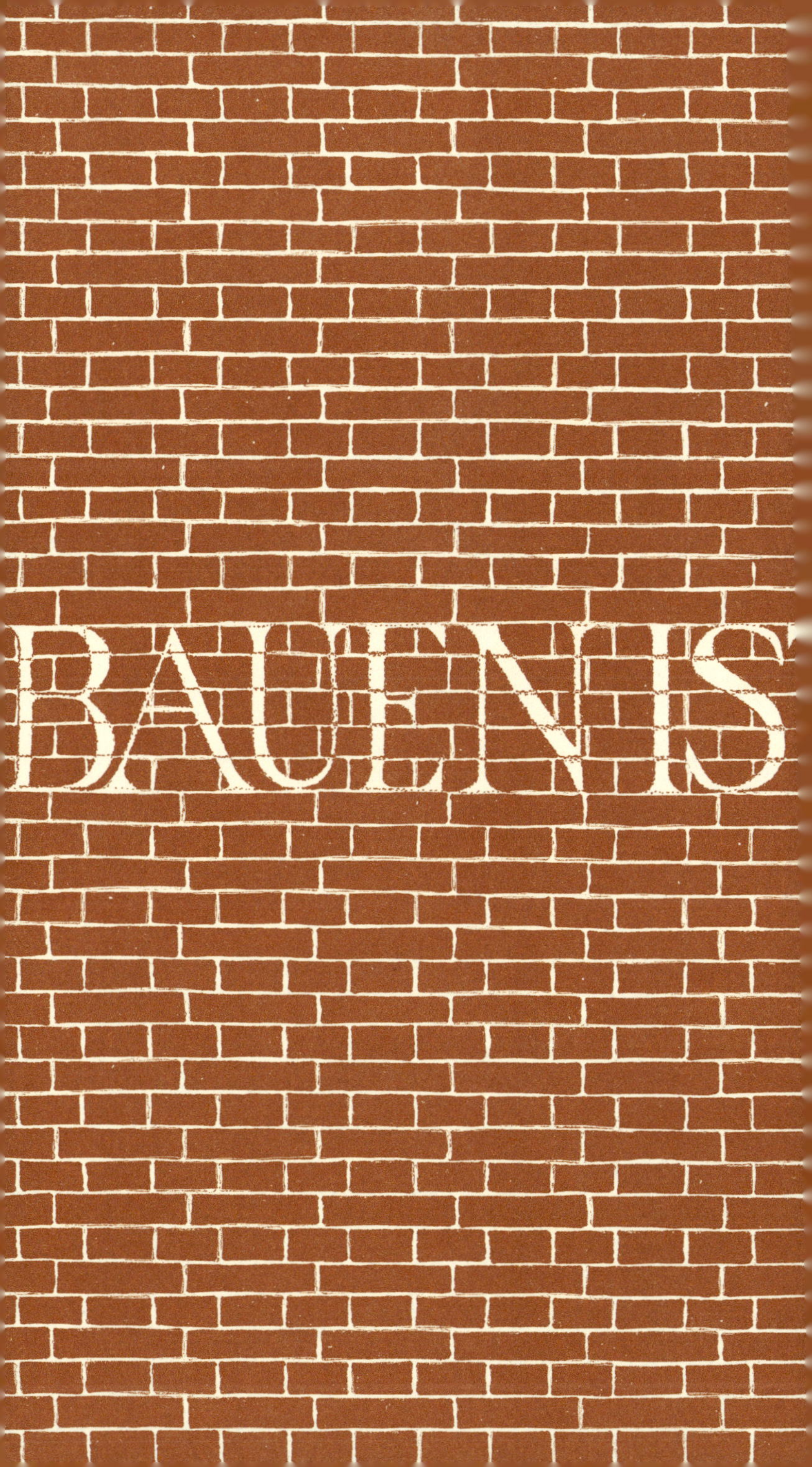
BAUEN IS

Rede bei Aufsteckung des Kranzes auf ein neu errichtetes Wohnhaus

Mit schnellen und beherzten Tritten
Bin ich heraufgestiegen und geschritten,
Und steh' nun oben, wie Sie sehn,
Zu trinken auf das Wohlergehen
Des werten Bauherrn und der Seinen
Und aller, die es treu und redlich meinen.
Ein Haus steht wieder da, so schön und fest gebaut,
Daß jeder seine Lust dran schaut.
Wir haben keinen Fleiß daran gesparet,
Es aller Orten gut verwahret,
Mit Säulen, Pfosten rings gestützt,
Daß es wohl stehen wird, wenn es der Himmel schützt.
Es ist wahrhaftig eine Freude,
Hat man ein tüchtiges Gebäude
Nach Winkelmaß und Schnur, wie sich's gebührt,
Bis auf den Gipfel aufgeführt.
Ich habe manches Mal so bei mir selbst gedacht:
Ein Zimmermann, der sieht doch, was er macht;
Und hat er was gelernt, so wird er hochgeschätzt,
Denn seiner Hände Werk ist nützlich und ergötzt.
In Stadt und Dorf kann man uns nicht entbehren:
Wo kämen Häuser her, wenn keine Zimmrer wären.
Drum bild ich mir im Ernste was drauf ein,
Ein wackrer Zimmermann zu sein.
Ich habe mir's auch sauer werden lassen,
Mein Handwerk recht zu lernen und zu fassen,
Bin weit gereist, hab' Frost und Hitz' ertragen.
Und könnte viel, wie mir's ergangen, sagen.
Paläst' und Häuser, hoch und schön,
Hab' ich in großer Zahl gesehn.
Einst sah ich auch ein Haus, es war im Sachsenland,
Woran mit großer Schrift geschrieben stand:
»Wir bauen Häuser und Paläste,
Und sind doch hier nur fremde Gäste;
Doch wo wir sollen ewig sein,
Da bauen wir leider wenig d'rein!«
Nehmt Euch das Beste draus, geehrte Herrn und Frauen,

Vielleicht hat mancher noch gar viel an sich zu bauen:
Nur bau er nicht auf Sand, sonst fällt es wieder ein;
Soll's Haus bestehn, so muß der Grund fein tüchtig sein.
So haben wir den Grund zu diesem Haus gelegt;
Es steht gewiß, von keinem Sturm bewegt,
Bis in die Ewigkeit, und noch ein Jahr darüber;
Erhält sich's länger noch, so ist's uns desto lieber.
Ich nehme nun den Kranz zur Hand,
Den mir ein hübsches Mädchen wand,
Um diesen Bau damit zu zieren
Und nach dem Handwerksbrauch dabei zu pokulieren;
Das schöne Kind trag' ihren Jungfernkranz,
Bis sie ein Weibchen wird, zu ihrer Tugend Glanz;
Doch lasse sie ihn dann sich willig rauben.
Und als ein treues Weib geduldig sich behauben.
Ich trinke auf das Wohl und aller Mädchen Leben.
Gern möcht ich jeder bald ein braves Männchen geben;
Doch wird's der Himmel schon, wenn's recht Zeit ist, tun,
Und süß wird jede dann im Arm des Gatten ruhn.
Hoch! Hoch! Hoch!

Jetzt auf das Wohlergehn des Bauherrn und der Seinen
Leer' ich ein volles Glas. Die Sonne soll ihm scheinen
Auf jedem Pilgerspfad! Er geh' in diesem Haus
Gesund und hochbeglückt auf immer ein und aus.
Sein liebes Weib bescheer' ihm Söhn' und Töchter!
Er seh' als Greis dereinst zukünftige Geschlechter,
Aus seinem Stamm entsprungen, um sich stehn,
Die seine Tugenden im Jubellied erhöhn!
Hoch! Hoch! Hoch.

Beschützt sei dieses Haus vor all und jedem Schaden,
Und nie mit irgendeinem Ungemach beladen!
Kein Zankgeschrei erschall' in seinen Mauern,
Und Niemand müss' in ihm ein Mißgeschick betrauern!
Für Euch denn insgesamt, die Ihr in großer Zahl
Versammelt steht, leer' ich den schäumenden Pokal:
Es geh' Euch wohl bis in die spät'sten Zeiten!
Das Glück mög' überall Euch folgen und begleiten!
Baut an der Menschheit Wohl, so wie wir Häuser bauen,
Es ist noch manches da zum Stützen und Behauen;
Dann wird der Nachwelt Dank, Ihr Lieben, Euch zuteil,
Und selbst die Ewigkeit belohnt Euch noch mit Heil!
Hoch! Hoch! Hoch!

Das vierte Glas gilt Euch, Ihr Meister und Gesellen,
Legt immer recht tüchtigen Grund und feste Schwellen,
Und wird Euch der Beruf bisweilen schwer,
So denkt, wir kamen nicht zur bloßen Lust hierhier;
Wir sollen Gutes tun und treu sein unsern Pflichten,
Und für den Himmel uns ein ewig Haus errichten.
Hoch! Hoch! Hoch!

Die Menschheit lebe hoch! Es lebe jeder Stand!
Es leb' und blühe stets das teure Vaterland!
Hoch! Hoch! Hoch!

Aus: Die mustergiltigsten Zimmermanns-Sprüche
und Kranzreden beim Richten neuer Gebäude

■

Richtspruch

Unserm Bauherrn reichen Segen
Und das beste Wohlergehn!
Mög' auf allen seinen Wegen
Ihm das Glück zur Seite stehn!
Mög' kein Unfall mehr es stören!
Es verbreite um ihn her
Wohlstand sich. Hoch lebe er
Und die, die ihm angehören!
Hoch! Hoch! Hoch!
Soll Gedeihn den Neubau krönen,
Der durch unsre Hand beginnt,
Sei zuletzt noch allen denen,
Welche Werksgenossen sind
Und gleich uns den Bau bestellen,
so wie es die Pflicht gebeut,
Auch ein Lebenwohl geweiht:
Allen Meistern und Gesellen!
Hoch! Hoch! Hoch!
So halte denn du schönes Haus,
Bei Wind und Wetter wacker aus!
Der Bau hier möge ewig stehn
Doch nie des Krieges Jammer sehn!
Dies Haus soll bleiben ein Friedenshaus,
Nie zieh' aus dem Hause die Liebe aus.
Es soll nicht vergehn, sondern feste stehn,
Vor Feuersnöten und Sturmeswehn!
Hoch! Hoch! Hoch!

Rede bei Richtung eines Wohngebäudes in der Stadt
(Eigenheim)

Hoch- und wertgeschätzte Versammlung!

Verschollen sind des Beiles Schläge,
Verstummt ist die geschwätz'ge Säge!
Drum nimmt das Wort der Zimmermann.
Was unser Fleiß aus Eichen und Fichten
Zu zimmern, zu binden und zu richten
Für diesen Baubezirk begann,
Steht hier nun fest; ein Wohngebäude,
An dem wir keine Müh' gespart.
Drum feiern wir, drum tagt uns heute
Ein blauer Montag echter Art.
Seht da den Kranz! Mit Ehr' und Freude
Läßt er uns nach der Arbeit ruhn;
Denn hiermit pflegt sein Wohlgefallen
Am neuen Werk der Bauherr allen
Und jedem kund und zu wissen tun.
Und wenn an diesem Gebäude nun
Die anderen Zünftler, die es vollenden,
Als Meister sich mit Kopf und Händen
Wetteifernd bemühn um gleichen Ruhm:
So wird's ein schönes Eigentum.
Dies Wort kam just zur rechten Zeit;
Es bringt mir einen Satz entgegen,
Wert, daß bei der Gelegenheit
Wir näher ihn, doch kurz, erwägen.
Das Sprichwort nämlich, das uns lehrt:
Der eigne Herd sei Goldes wert.
Ein Sprichwort ist ein wahres Wort,
Gegründet auf Erfahrung der Alten;
Drum hat sich das unsere fort und fort
Schon seit Jahrhunderten erhalten.
Doch wohl zu merken: nicht jeder Herd
Ist nach dem Sprichwort Goldes wert!
Das kann und soll das Beiwort: eigen
Uns in beliebter Kürze zeigen;
Und dies – wie Ihr wohl alle wißt –
Bezeichnet klar, was fremd nicht ist!

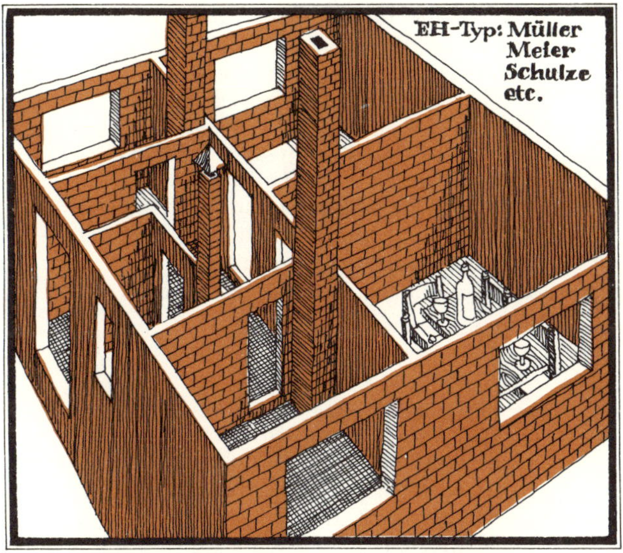

Was man für sich ausschließlich besitzt,
Uns frei nach Lust und Belieben nützt,
Auch andern zu nützen verstatten kann.
Und so wird's deutlich für jedermann,
Was für ein Haus das Sprichwort meint,
Indem es eigen mit Herd vereint.

Zwar schützt vor manchem Ungemach
Den Mietmann auch ein fremdes Dach:
Es schützt vor Regen, Frost und Wind,
Wenn gut nur Tür' und Fenster sind;
Allein an lieber Bequemlichkeit
Fehlt's leider! zu oft den Mietquartieren;
Dies ist zu eng und jenes zu weit,
Und das so arm an Gelegenheit,
Ein bißchen Wirtschaft drin zu führen,
Daß, nimmt's der Hausherr etwas scharf,
Im Hofe frei herumspazieren
Kein Hahn mit einer Henne darf.

Zwar regt sich auch bisweilen zwischen
Dem lieben Eh'gespann ein Zwist;
Doch immer nur, wenn's nötig ist,
Die Lieb' ein wenig aufzufrischen.
Das Schmollen ist dann eine Pause
In langgewohnter Harmonie;
Der Mißklang selbst erhöhet sie,
Und alles wird froher dann im Hause.
So bringt in neidenswerter Ruh
Der Eigentümer, froh, umgeben
Von seinen Lieben, das bißchen Leben
An seinem sichern Herde zu.
Und wandern einst die Kinder aus,
Ihr Mittelpunkt ist des Vaters Haus,
Der führt sie immer wieder zusammen;
Und dann gibts jedesmal ein Fest;
Denn lieb bleibt allen das frohe Nest,
Aus dem in Liebe sie abstammen.

Dem Bauherrn Segen, Heil und Glück!
Nie treffe ihn ein Mißgeschick!
Er lebe hoch, nebst Frau und Kind,
Und allen, die verwandt ihm sind!
Hoch! Hoch! Hoch!

Auch die Behörde hier im Ort,
Die sich so redlich immerfort
Dem Besten der Gemeinde weiht:
Sie lebe hoch zu jeder Zeit!
Hoch! Hoch! Hoch!

Der Meister, welcher zum Bedarf
Des Baues uns den Riß entwarf,
Ihm, der das Baugesetz bewacht,
Sei auch ein Lebehoch gebracht!
Hoch! Hoch! Hoch!

Es leben alle hochbeglückt,
Die gütig unsern Kranz geschmückt!
Hoch! Hoch! Hoch!

Hoch lebe jeder immerdar,
Der bei dem Bau beschäftigt war!
Hoch! Hoch! Hoch!

Ein Lebehoch nach Sitt und Brauch,
Dem ganzen Zimmerhandwerk auch!
Hoch! Hoch! Hoch!

Gekürzt aus: Die mustergiltigsten Zimmermanns-Sprüche…

■

Richtspruch

Gar manches Haus durch Maurers Hand
Erbaut von bloßem Steinverband
Das müssen wir – wie hier geschehn –
Mit Wänden und Gebälk versehn.
Und wär' es ganz und gar von Stein,
So muß man es doch hinterdrein
Noch unsrer Arbeit anvertraun,
Daß wir das Dach darauf erbaun;
Weswegen man den Zimmermann
Beim Bauen nie entbehren kann.
Er setzt nach alter Ordnung Lauf!
Dem Baue noch die Krone auf,
Weil immer mit dem Dachgerüst,
Der Aufbau erst vollendet ist.
Ein gleiches jetzt von uns geschah,
Es steht das Dach gerichtet da.
Der Bauherr und die Seinen all',
Sie leben hoch! Hoch noch einmal!

Dem Ehrenmanne, der den Riß
Entworfen, seiner Kunst gewiß –
Den Meistern, welche diesen Bau
Geleitet und bewacht genau
Das Baugesetz mit Kennerblick,
Ein Lebehoch und Heil und Glück!
Hoch lebe jeder immerdar,
Der bei dem Baue tätig war!
Zum Schlusse dieser Rede dann
Auch jedem braven Zimmermann,
Den Meistern und Gesellen noch
Ein wiederholtes Lebehoch!
Hoch! Hoch! Hoch!

■

Rede bei Richtung eines Wohnhauses auf dem Lande

(Gesellenspruch)

Hoch und wertgeschätzte Anwesende!

Mit Gunst! – Ich bin heraufgestiegen;
Dran seht ihr, daß ich nicht kann fliegen.
Dieweil ich aber das nicht kann,
So geh' und steig ich als Zimmermann.

Ein Zimmergesell' bin ich genannt;
Drum halt ich den Strauß in meiner Hand,
Der hier den Giebel zieren soll,
Weil uns der Bau geraten wohl.
Doch was vermag ich Euch zu sagen,
Das Allen könnte wohl behagen!
Des Kopfes Mühlwerk mahlt nur gut,
Wenn man ihm brav aufschütten tut.

Ein Zimmergesell' bin ich genannt,
Und bleibe, wo ich war, bekannt.
Als ich gewesen in Österreich,
Da machte ich sieben Meister reich.
Der eine ist ganz verdorben!
Der andre Hungers gestorben;
Der Dritte hat nichts überall;
Der Vierte liegt im Hospital;
Der Fünfte wurd' am Pranger gestellt;
Der Sechst' entlief halt in die Welt;
Der Siebente gräbt im Narrengarten:
Da will er nun die andern erwarten.

Ein Zimmergesell' bin ich genannt,
Und hab' erfahren allerhand.
Bei meinem Meister in Schwäbisch Gmünd
Bekam die Meisterin ein Kind;
Die Tochter zwei,
Die Hausmagd drei,
Das gab ein volles Hausgeschrei.
Mir ging zu Herzen jeder Ton:
Ich schnürte das Bündel und lief davon.
Auch bin ich gewesen in Sachsen,
Wo Mädchen auf den Bäumen wachsen,
Die nicht so spröde sind wie hier,
Wo manche verriegeln Tor und Tür.
Hätt' ich das Ding zuvor bedacht,
Ich hätt' ein Dutzend mitgebracht.

Nun kam ich endlich in dies Land,
Und legt' an manchen Bau mit Hand;
Drum steh ich jetzt auf diesem Posten.
Dies wird dem Bauherrn eine Mahlzeit kosten;
Er mag dazu uns bald einladen,
Wir essen Schwein- und Sauerbraten,
Gefieder aller Art und Fisch,
Und Backwerk beug' zuletzt den Tisch.
Dann mag er Geiger und Pfeifer bestelln.
Und Mädchen für Meister und Geselln,
Auch junge Weiber nicht zu vergessen,
Zu einem Tänzlein nach dem Essen.

Doch eh' wir uns zu Tisch tun setzen,
Muß ich an einem Trunk mich letzen.
Viel Schwatzen macht Durst; drum halt ich ein,
Und nun reicht her den Firnewein!
(Nach Empfang des ersten Glases)
Hoch möge hier der Bauherr leben,
Und sein lieb' Ehgespiel daneben;
Ich wünsch' ihm alles, was ihm vonnöten,
Besonders viele Körner auf den Böden,
Und in die Stallung Schaf und Rinder,
Der Hausfrau aber ein Dutzend Kinder.
Hoch! Hoch! Hoch!
(Beim zweiten Glase)
Die späterhin dies Haus besitzen
Und ihre Zeit daran wohl nützen
Mög' reichlich auch das Glück begaben,
Damit sie immer vollauf haben!
Hoch! Hoch! Hoch!

(Beim dritten Glase)
Und alle, die im neuen Haus
Nun baldig gehen ein und aus:
Die mögen immer hier sich freun,
Als Freunde gern gesehen sein.
Hoch! Hoch! Hoch!
(Beim vierten Glase)
Nun leb' auch unser Meister hoch
Und baue viele Häuser noch,
Und jeden nehm' das Glück in Gunst,
Der lernt und treibt die Zimmerkunst.
Hoch! Hoch! Hoch!
(Beim fünften Glase)
Und allen, die hier um mich stehen,
Nun an dem Bau sich satt gesehen,
Und in Geduld mich angehört,
Wünsch' ich, was niemand gern entbehrt,
Gesundheit nämlich und frohen Mut!
Und somit: Ende gut, alles gut!
Hoch! Hoch! Hoch!

Gekürzt aus: Die mustergiltigsten Zimmermanns-Sprüche...

Richtspruch

Gerichtet steht nunmehr das Haus,
Vom Sockel bis zum First hinaus,
Zu dem die Maurer mit Bedacht
Ein gutes Fundament gemacht,
Das sicher das Gebäude trägt.
Die Balken, waagerecht gelegt,
Die Wände lotrecht aufgestellt,
Die das Gebälk zusammenhält;
Verbunden und verzapft genau
Nach Vorschrift ist der ganze Bau;
Und oben drauf das Dachgerüst,
Das gleichfalls gut gesichert ist.
Nichts fehlt – so haben wir denn jetzt
Dem Bau die Krone aufgesetzt,
Dies Ehrenzeichen, das beweist,
Daß auch das Werk den Meister preist.

Nur gut, daß unser Bauherr heut
Sich über unsre Arbeit freut.
Er wird dies schöne Haus besitzen
Und seine Zeit darin wohl nützen.
Und alle, die im neuen Haus
Nun baldig gehen ein und aus:
Die mögen immer hier sich freun,
Als Freunde gern gesehen sein.
Und allen, die hier um mich stehn,
Um an dem Bau sich satt zu sehn,
Und mit Geduld mich angehört,
Wünsch' ich, was niemand gern entbehrt,
Gesundheit nämlich und frohen Mut!
Und somit:
Ende gut, alles gut!

■

Rede bei Richtung eines Wohn- und Geschäftshauses in der Stadt, wenn das früher an der Stelle gestandene wegen Baufälligkeit abgebrochen werden mußte *(Gesellenspruch)*

Hoch- und wertgeschätzte Anwesende!

So wäre denn, und wohl gelungen,
Der schwierige Bau nun auch bezwungen;
Denn kunstgerecht, wie alles, fügen
Sich selbst auch die verschiedenen Schmiegen.
Drum höret nun an diesem Ort
Des Baues Abkunft Wort für Wort.

Noch aus dem grauen Altertum
Stand hier ein Haus, nicht ohne Ruhm.
War auch der Laden (das Haus) noch so klein:
Ein jeder kaufte (ging) gern hier ein;
Denn in der Stadt und auf dem Land
War unser Bauherr ja bekannt;
Sein Ruf, der ging, und nicht zum Schein,
Von der Saale, Elbe bis zum Rhein.

Da baute stolz der Nachbar auf
Und dies bewog unsern Bauherrn nun
Es jenem völlig gleich zu tun,
So daß nach halben Jahres Frist
Das alte Haus verschwunden ist.
Bald wird nun, dauerhaft und schön,
Der neue Bau vollendet stehn.

So nehm' ich froh das Glas zur Hand,
Gefüllt mit Wein bis an den Rand,
Und mit dem feurigen Saft der Reben
Werd' ich jedermann die Ehre geben,
Die ihm nach altem Brauch gebührt,
Wenn stets ein Bau ist ausgeführt.

Also mit Gunst:

Das erste Glas bringe ich:
Unserm geehrten Bauherrn und seiner werten Familie. Möge Ihm das im alten Hause gewordene Vertrauen in das neue begleiten und somit der, dem früheren Hause gewährte Ruhm erhalten bleiben!
Hoch! Hoch! Hoch!

Das zweite Glas bringe ich:
Dem Herrn Baumeister ... für seine unermüdliche und anerkennenswerte Tätigkeit zur schnellen Förderung dieses Baues.
Hoch! Hoch! Hoch!

Das dritte Glas sei:
Dem ehrenwerten Maurermeister, Herrn ..., und dessen Gesellen gebracht, für ihre kunstgerechte und tadelfreie Arbeit an diesem Baue.
Hoch! Hoch! Hoch!

Das vierte Glas gilt:
Dem wackeren Zimmermeister, Herrn ..., und dessen Gesellen, mich mit eingeschlossen, mit dem Wunsche: daß er mit diesem Baue alle Ehre einlegen und mit uns zufrieden sein möge.
Hoch! Hoch! Hoch!

Das letzte Glas leer' ich:
Auf das Wohl der lieben Nachbarsleute, die während dieses Baues Staub, Schmutz und anderes Ungemach wohlgemut und ohne Schelten ertrugen und das Maß der Freundschaft mit unserm geehrten Bauherrn voll bleiben ließen.
Hoch! Hoch! Hoch!

Gekürzt aus: Die mustergiltigsten Zimmermanns-Sprüche...

■

Rede bei Richtung eines Stalles

Hoch- und wertgeschätzte Anwesende!

Ein Stall ist zwar kein Haus,
Das sprech ich ehrlich aus;
Doch war es unsre Pflicht,
Daß wir ihn aufgericht't;
Für Menschen ist kein Stall,
Das weiß man überall;
Wo aber bleibt das Vieh?
Was kostet's nicht für Müh',
Eh' man es groß gezogen;
Wie mancher ward betrogen,
Der seine Kuh gesucht am Ort,
Und sie nicht wieder fand alldort.
Drum muß es Ställe geben,
Denn auch das Vieh will leben.
Deshalb nehm ich nun diesen Kranz
Und stecke ihn hier an,
Und juble als ging es zu Tanz,
Als echter Zimmermann.
Der Zimmermann, der Häuser baut,
Ist doch ein ganzer Mann,
Und wer den Bau ihm anvertraut,
hat wohl daran getan.
Drum, Bruder, bring mir Wein,
Wir weihn den Stall jetzt ein:
Hoch lebe dieser Stall!
Daß oft bei Hörnerschall
Das Vieh des Herrn vom Haus
Mag wandern ein und aus!
Vivat der Herr, der Knecht!
Und alle, die es recht
Und ehrlich meinen stets!
Der Hirt! denn der versteht's
Das Vieh recht gut zu weiden.
Die Magd sei frei von Leiden!
Kurz, alle sollen leben!
Drum trink ich nun den Saft der Reben.

Rede nach dem Aufrichten der Holzverbandstücke eines gemauerten Hauses

Sowie es gar viele Gewerke gibt,
Die jedermann hoch hält und ehret,
Wird das Zimmergewerk auch geschätzt und geliebt,
Dieweil es viel Nutzen gewähret.
Will jemand sich lassen ein Haus erbaun,
Der muß sich dem Zimmermann anvertraun.

Denn was auch der Maurer erbauen mag,
Es fehlt ihm doch immer am Besten.
Der Zimmermann gibt erst das schützende Dach
Den Hütten sowie den Palästen;
Er zieht das Gebälk und die Wände hinein,
Durch ihn kann der Bau erst zum Ganzen gedeihn.

So reichen sich Maurer und Zimmrer die Hand,
und bauen vereint das Gebäude,
Mit rechter Versatzung, zum festen Verband.
Dieweil es – dem Bauherrn zur Freude –
Nun völlig gerichtet steht, haben wir jetzt
Auf's Sparrenwerk die ehrende Krone gesetzt.

Es soll der Bauherr, und die mit ihm verwandt,
Beglückt und hoch, drei Mal hoch leben!
Hoch leben die, welche mit williger Hand,
Den Schmuck unserem Kranze gegeben! –
Hoch leben die Meister, durch deren Bemühn
Und Leitung der Bau ist so herrlich gediehn!

Ein Lebehoch allen, die tätig durchs Werk
Beim Bau des Hauses mit waren! –
Und nun noch dem löblichen Zimmergewerk,
Den Meistern, gar klug und erfahren,
Sowie den Gesellen, nach Pflicht und nach Brauch,
Ein herzliches dreifaches Lebehoch auch!

Gekürzt nach F. C. Feßler

■

Das Hobeln der Tischlerjungen

Das »Hobeln« erfolgte am Ende der Lehrzeit beim »Gesellenmachen« in Anlehnung an übliche Handwerksgriffe und -hantierungen. Der Lehrjunge wurde den Prozeduren eines zu bearbeitenden Stückes Holz unterworfen, d. h. beschnitten, behackt und behobelt, um eine »architektonische Säule« aus ihm zu machen. Als Werkzeug dienten der Hobel, ein Richtscheit, ein großer hölzerner Zirkel und ein Winkelmaß. Für die Zeremonie wurden ein Hobelgeselle, zwei Gesellenpaten und ein Spaßmacher bestimmt. Mit Musik voran zogen der Hobelgeselle, den großen blumengeschmückten Zirkel, mit Zitronen auf den Spitzen, tragend, der Ausgelernte unter dem von den Hobelpaten gehaltenen Richtscheit und der Spaßmacher in die Herberge. Der zu »hobelnde« Lehrling wurde unter dem Richtscheit aufgestellt. Er mußte, die Arme auf die Hüften gestützt, das Winkelmaß zwischen den Füßen haltend, still stehen und so die Hobelrede anhören. Diese enthielt allerlei Verherrlichungen des Berufes sowie Ratschläge und Ermahnungen:

»Es ist ein Kleeblatt in der Welt,
Das hat schon manchen Held gefällt.
Das erste Blatt ist leicht zu kennen,
Die L i e b e pflegt man es zu nennen.
Ein junger Mensch tut wohl daran,
Wenn er entfliehet dieser Bahn,
Denn wer die Jungfern wird sehr lieben,
Der wird sich öfters selbst betrüben;
Muß sich auch zu seinem Schaden
In dem Meer der Tränen baden.

Das zweite Blatt wird sehr erhoben
Von denen, die den Bacchus loben.
Die Witterung kommt aus dem Faß,
Drum ist dasselb' beständig naß.

Das dritte Blatt pflegt sehr zu hitzen,
Weil darauf lauter Spieler sitzen.
Sie spielen nach dem Alphabet,
Nach dem sich die Fortuna dreht.
Daraus entspringet großer Schaden,
Dawider die Vernunft tut raten.

Nun mögt Ihr folgen meinem Rat:
Flieht diesem Kleeblatt früh und spat.
Und weil zuviel Branntwein und Bier
Zu krummen Gängen leicht verführ,
So nehmet vor diesen Euch wohl in acht,
Daß Ihr niemals dergleichen Gänge macht.
Denn es ist Schande für jedermann,
Wenn ein Gerader nicht grad stehen kann;
Es benimmt ihm seine Ehr'
Und macht dazu den Beutel leer.«

Danach, zum eigentlichen Hobeln, mußte sich der Ausgelernte auf einen Tisch oder den Fußboden legen, auf dem die Konturen einer Säule aufgerissen waren. An dem Zirkel war inzwischen ein Pinsel mit Ruß oder schwarzer Farbe angebracht worden. Dieser wurde kräftig über das Gesicht gezogen.

Am Ende tadelte ein Meister die fertige Säule. Daraufhin nimmt ein Geselle eine Handvoll Ruß und bestreicht das ganze Gesicht nochmals.

»Ein Lehrling sehr viel leiden muß,
bevor man ihn bestreicht mit Ruß.«

Danach wurde der Lehrling zum Gesellen geschlagen. Hierzu gab der Hobelgeselle ihm einen Backenstreich mit den Worten

»Das leide nur vor mir,
hinfort von keinem andern.«

Der neue Geselle hatte eine »Zeche« auszugeben. – Nach einem ähnlichen Ritus erfolgte bei den Zimmerleuten das »Behauen« der Zimmerjungen.

■

Das vogtländische Aufklopfen der Zimmerergesellen

Einmal wöchentlich trafen sich die Zimmerergesellen in der Herberge zum geselligen Beisammensein – zum »vogtländischen Aufklopfen«. Neben den üblichen Trinkgelagen gehörte das Klatschen zum Gesang zu den typischen Gepflogenheiten der Zimmerleute. Je zwei Zimmerleute setzten sich beim Singen gegenüber und klatschten bei der ersten Silbe die rechten, bei der zweiten die linken Hände in Kopfhöhe flach gegeneinander. Bei der dritten Silbe wird die rechte Hand auf den eigenen rechten Oberschenkel, bei der vierten die linke auf den linken Oberschenkel geschlagen und so wechselnd das ganze Lied hindurch. Da sich das Tempo des Liedes rasch steigerte, konnte es schnell vorkommen, daß einem Unachtsamen die Hand seines Gegenübers ins Gesicht klatschte.
Eines der ältesten und am meisten gesungenen Klatschlieder ist folgendes:

Klatschlied der Zimmerleute

Ich wollt einstmal sehr früh aufstehn,
Ei, wohl in den frischen grünen Wald spazieren gehn.
Und als ich nun in den Wald reinkam,
Siehe, da fand ich eine feine verwünschte Dam'.
Die Dam', die war vom Blute so rot.
Ei, Ei, Ei! und eh' man sich's versah, war sie schon tot.
Wo krieg'n wir nun 12 Leichenträger her,
Die mir mein feines Feinsliebelein zu Grabe trag'n.
Zwölf Zimmergeselln, die müss'n es sein,
Die mir mein feines Feinsliebelein zu Grabe trag'n.
Wo krieg'n wir nun ein'n halb'n Buddel her,
Ei, das muß der Herbergsvater tun, der gibt ein'n aus.

■

Im Sommer, im grünen Wald

(Zimmermannslied)

Mein Handwerk fällt mir schwer,
Drum lieb ich's noch viel mehr.
Es freuet mich von Herzen,
Es macht mir keine Schmerzen.
Mein Handwerk fällt mir schwer,
drum lieb ich's noch viel mehr.

Im Sommer im grünen Wald,
Wo Axt und Beil erschallt,
Wo die Nachtigall tut singen,
Des Meisters Geld tut klingen,
Da spürt man nichts als Lust,
In einer jung' Zimmermannsbrust.

Die Schnur, die ziehn wir aus
Nach unserm Handwerksbrauch,
Den Zollstock zum Abmessen,
Den Zirkel zum Abstechen
Die rechte Höh' und Breit',
Die Läng' ist auch dabei.

Wo kommen denn die Kirchen her,
Und Häuser noch viel mehr?
Schiffsbrücken über den Flüssen,
Die wir aufbauen müssen?
Zu Wasser und zu Land,
Ist unser Handwerk im Stand.

Ist nun ein Bau vorbei,
Da gibt's auch Schmauserei,
Gut zu essen und gut zu trinken,
Gebratne Wurst und Schinken
Gut Bier und Branntewein.
Ein jeder möcht Zimmermann sein.

Ist nun ein Bau vorbei,
Wo's gibt keine Schmauserei,
Nichts zu essen und nichts zu trinken,
Keine gebratene Wurst, kein Schinken,
Kein Bier, kein Branntewein:
Der Deifel mag Zimmermann sein.

Gekürzt nach: Rowald, Brauch ...

■ ■ ■

Man kann's halten wie ein Dachdecker …

Letzter Dachstein

Nach dem Zimmermann steigt gleich zum Richtfest oder nach Fertigstellung der Dachdeckung der Dachdecker oder Dachklempner auf den Dachstuhl. Nun wird der »letzte« Dachstein dem Bauherrn überreicht, hier mit dem Ansinnen, daß dieser ihn aufnageln soll oder sich durch ein Trinkgeld (Umtrunk) loszukaufen. Auf den Stein wurde mitunter ein entsprechender Spruch geschrieben:

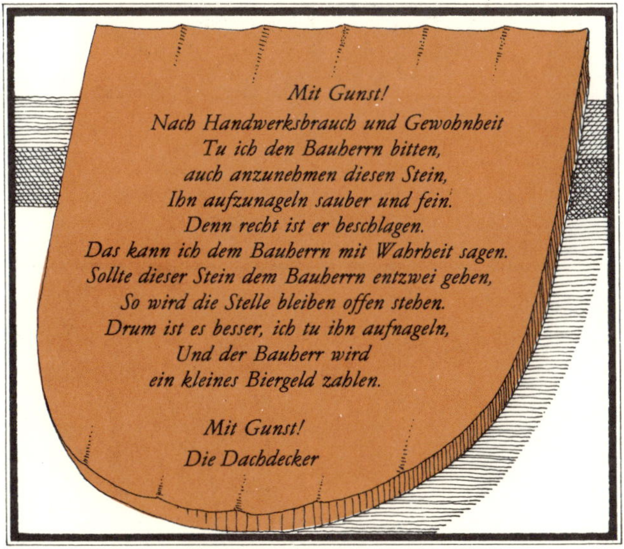

Der muß nicht aufs Dach steigen,
der an Schwindel leidet.

■

Man kann es halten wie ein Dachdecker ...

(In vielen Gegenden Deutschlands gab es keinen speziellen Zunftzwang für Dachdecker – sie konnten sich einer Bauhandwerker-Gilde eigener Wahl anschließen.)

■

Wer auf Reisen ist, muß vorwärts,
sagte der Dachdecker im Abrutschen.

■

Himmelan geht unsre Bahn, sagte der Dachdecker,
als er vom Turm fiel.

■

Er reißt das Dach von der Kirche ab
und deckt die Kapelle damit.

Ob vom Kölner Dom, ob vom Zirkuszelt,
ob vom Dach einer Dampfwäscherei –
für den Arbeiter, der herunterfällt,
ist das völlig einerlei.

E. Kästner

■

Es ist noch kein Meister vom Himmel gefallen –
es sei denn ein Dachdecker.

■

Glaserlied

Des Morgens wenn ich früh aufsteh
Und an mein Arbeit geh,
Dann beschau ich erst vorher,
Meinen Demant hin und her.

Hab ich ihn für gut befunden,
Und mein Schürzlein umgebunden
Und mein Pfeifchen angesteckt,
Alsdann wird geschroppt aufs best.

Dann kommt der Meister zum Gesellen
Um die Arbeit zu bestellen:
»Nicht zu groß und nicht zu klein,
Denn das alte Glas muß nein!«

Dann kommt der Jungegesell gerannt
Und hat den ganzen Kolben verbrannt:
»Ei, oh weh! was fang ich an,
Daß ich wieder löten kann!«

Dann kommt ein Mädchen mit der Scheibe,
Die sie hat zerdrückt am Leibe.
Die wird zum Geselln geschickt;
Der kann machen was zerbricht.

Auch kommt der Glaser vor ein Haus,
Schaut ein schwarzbraun Mädchen raus:
»Liebster Glaser komm herein!
Setz mir auch ein Scheibchen ein!«

Auf der Mauer steht ein Bub,
Der schaut dem Glasergesellen zu.
Aus dem Bub wird auch ein Mann,
Der eine Scheib' einsetzen kann.

Wissel

■

Glaserlied

Unserm Handwerk dem gebührt
Schon von altersher der Preis,
Wie uns das Exempel lehret,
Wie man schon von Noah weiß.
Noah macht ein Fensterlein
Oben in die Arch' hinein.

Salomonis, der ließ baun
Einen Tempel prächtiglich.
Der war kostbar anzuschauen,
Außen und inwendiglich.
Fenster köstlich zubereit,
Außen eng, inwendig weit.

Und obgleich die höchsten Fürsten
Diamant auf Ringen haben,
Tun wir sie als Glaser
Stets in unsern Taschen tragen.
Und hat man denselben nicht,
Ist man ja ein armer Wicht.

Daß ein Haus zum Wohnen taugt,
Schmück ich's rings mit Fenstern aus.
Was dem Menschen ist das Aug',
Ist das Fenster für das Haus.

Aus dem Fenster sieht gemächlich
Jeder in die Welt hinein.
Was der Mensch macht, ist zerbrechlich,
Täglich schlägt man Fenster ein.

Das ist in der Ordnung eben:
Der verliert und der gewinnt,
Denn vom Tode lebt das Leben
Und der Glaser lebt vom Wind.

■

Nach Hause kann ich auch nicht hin – da sind nämlich die Weißer, Tapezierer, Anstreicher und anderes Volk und machen drei Viertel der Räume unbewohnbar, und wenn man sie erst im Hause hat, weiß niemand, wann man sie wieder los wird.

F. Engels

Was ist der Maler?
Ein Mann, der trefflich tapeziert
Und Ofennischen marmoriert
Und dem für künstlerische Zwecke
Erreichbar selbst die höchste Decke.

W. Busch

■

Nichts Besseres gibt's auf dieser Welt
als einen Mann, der Farbe hält.

Hausinschrift am Hause eines Malers

■

Advokaten und Maler können leicht
blau aus schwarz und schwarz aus blau machen.

Dän.

■

Zum Anstreichen gehört mehr Kunst,
als Schmutz an die Mauer werfen.

■

Gute Farbe, sprach der Maler,
als er aufs Dach stieg und die Wände beschiß.

■ ■ ■

Grundrißapostel, Kittaffen, Speisköche und andere

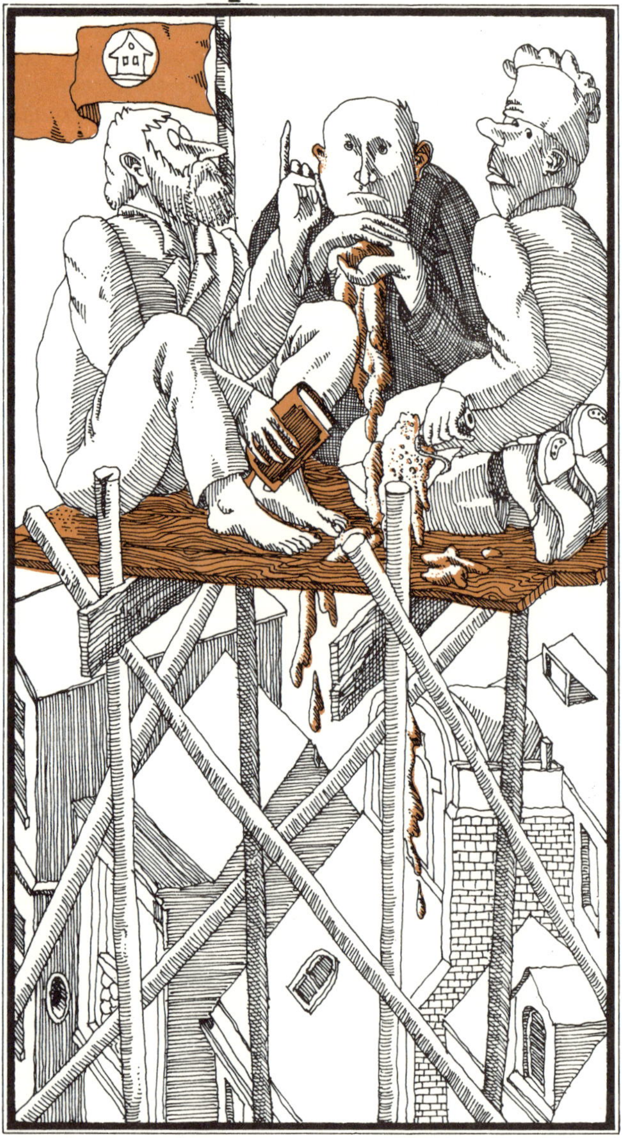

Das Maurerrindvieh, der Zimmerochs
und die Herren Handlanger werden zum Essen
gebeten.

(Ruf zum Mittagessen)

■

Architekt
Grundrißapostel
Mörtelingenieur
Sehleute
schauen immer nur nach dem
Bau, arbeiten aber nicht mit
Zementfürst *Berlin ab 1910*

Bauhilfsarbeiter
Akkordhucker
Baumaterialienbeförderungsrat
Betonscheißer
Facker
von Facken – werfen,
insbesondere Steine,
sächs. ab 19. Jh.
Gerüstkellner
Hucker *ab 1920*
Humpeler
Klamottenjunge
auch für Maurerlehrlinge
Klamottenschmeißer
Mörtelpanscher
Sisyphus
Steinträger
Speispfannenpolierer
hessisch, 20. Jh.

Brunnenbauer
Püttenmaker
niederdt. aus lat.
puteus – pütt – Brunnen

Dachdecker
Dachhase
auch für Schornsteinfeger
und unzünftige Zimmerleute
Dachhüpfer
Dachkater
Dachlukengespenst
Magdeburg, 1930
Dachratte
Lukenbläker
Mantelmelochner
Gaunersprache, Dach / Mantel,
melochner hebrä. – Arbeit

Elektriker
Blitzer
Drahtwurm
Funkenschuster
Kurzschlußmonteur
Strippenzieher

Erdarbeiter
Grandmonarch
»Grand« – niederdt. für Kies

Glaser
Butzemann
Kittaffe
Kittengel *Berlin*
Kittmichel *niederdt.*
Kittnase
Kittschiter *Westf.*
Lichtmacher
Rahmenfritze *Berlin*
Scheibendoktor
Scherblingshengst

Innenarchitekt
Wohnungsdoktor

Klempner
Blechbuckel
Blechkonditor
Blechrat
Blechschuster
Dichter
Dichtersproß für Klempnerlehrling
Kackwühler
Kackwühlmaus
Klemtneer *Berlin*
Klipper *Halle*
Kulturwart
Kunstdichter
s. a. Dichter
Lötkolben
Lötrat
Mistbauer
Abortbauer
Optiker
Abortbrillenhändler
Plumpschinägler
Plump aus lat. plumbum – Blei; schinägler – Arbeiter
Sonnenschmied
Toilettentaucher

Maler
nur für Bau, nicht Kunstmaler
Anpöner *niederdt.*
Anstreicher
z. T. als Berufsbezeichnung, z. T. als Schimpfwort
Bleiweißcholeriker
Anlehnung an color – Farbe
Farbenkleckser
Fassaden-Raphael
auch neuer: Fassaden-Picasso
Pinselfritze
Pinselquäler

Pinselquetscher
Pinselritter
Pinseltraktierer
Pinsulaner
Staketenmaler
kann nur einen Lattenzaun anstreichen

Maurer
Betonscheißer
Dreckschwalbe
Maurer kamen im Frühling in die Stadt, um zu bauen und zogen im Herbst/Winter wieder aufs Land
Klamottenaugust
Klamotterich
Kletker
niederdt. »kletken« – Mörtel anwerfen
Klitscher,
auch Klitschmaier *Leipzig*
Kotlerche
Lehmklicker
Lückenbüßer
Malvasier
Kundensprache; aus Maurerschweiß würde der teure »Malvasier« destilliert
Mauermann
Maurerrindvieh
in Scherzgedichten in Verbindung mit Zimmerochse
Mörtelknecht
hauptsächlich für Maurerhandlanger
Schlämmkreide-Stratege
Speisbuckel
Speis – hess. für Mörtel
Speiskoch
Speispolier

Steinschwalbe
s. a. Dreckschwalbe
Zementmixer

Stukkateur
Jipskonditor *Berlin*

Tischler
Bankangestellter
ab 1920 auch für Drechsler
Bankier
Hobelhengst
Hobelist
Hobeloffizier
Hobelquäler
Holzwurm
auch für Zimmerleute
Knurnstöter
niederdt. für Knorren abstoßen
Leimeule
Leimfurz *Magdeburg*
Leimhengst
Leimrat
Leimspecht
Leimtiegel

Zimmermann
Dachhase
Hölzerner
Holzwurm
Spänling
s. a. Sprüche über böse Zimmerleute, die viele Späne machen
Zimmerling
Zimmerochse
in Verb. mit Maurerrindvieh

■ ■ ■

Worterklärungen

Altgeselle: (Altführer, Büchsengeselle, Wortführer) ältester Geselle, der bei Versammlungen den Vorsitz führte (s. S. 100)

Anschlag: Vorsprechen um Arbeit durch wandernde Gesellen bei einem Meister.
Als Erkennungszeichen mit festgelegten Worten und Wendungen (s. S. 99)

Auf die Meisterin muten (muthen): Ansinnen, die Witwe eines Meisters zu heiraten;
insbesondere, um schneller Meister zu werden oder überhaupt eine freie Meisterstelle zu erhalten

Aufklopfen: Gesellenversammlung am Sonnabend. Das Klopfen erfolgte mit einem geschmückten Stab.
Symbolische Handlung, zur Eröffnung bei mehreren Gewerken üblich (s. S. 99)

Bauhütte: insbesondere bei den Steinmetzen auch als Bezeichnung für die Vereinigung und für den Standort der Hüttengerichtsbarkeit (s. S. 68). Bei den Steinmetzen hierarchisch genau geordnet mit Haupthütten in Straßburg, Wien, Köln und Zürich

Bernhard: Bezeichnung für Strafen bei den Steinmetzen (s. S. 109)

Bestellte Arbeit: aus der Einteilung der Handwerker in solche, die »gebundene Hände« haben, die auf Arbeit warten müssen, bis sie gerufen werden, und solche, die »freie Hand« haben, die vor sich hin arbeiten können und nur auf Abnehmer warten müssen

Bier, Schlußbier, Schlichtebier: Wunsch der Maurer und Putzer nach Fertigstellung eines Gewölbes (Schlußstein) oder Bogens bzw. nach Fertigstellung

der Schlichte (des Putzes) nach einem Bier für alle Beteiligten

Blauer Montag: unzulässiges Fernbleiben von der Arbeit (Hypothesen zum Ursprung s. S. 68)

Blei-Schnur: Lot

Blei-Waage: Vorläufer der Wasserwaage. Meist ein hölzernes Dreieck mit etwa einem Fuß Seitenlänge. In der Spitze war eine Bleischnur befestigt (s. d.). Das untere Brett war genau waagerecht, wenn das Gewicht auf die Kerbe im Brett zeigte.

Briefer: Briefer wurden die wandernden Gesellen genannt, die eine Kundschaft oder einen Paß zum Ausweis (auch über ihre Ausbildung) mitführten, ohne den Handwerksgruß gelernt zu haben. Die »Grüßer« wiesen sich hauptsächlich durch den speziellen Handwerksgruß aus.

Einkeilen: u. a. bei Tischlern und Zimmerleuten; ursprünglich für etwas mit Keilen befestigen. Der neu hinzugewanderte Geselle wurde zu einem Meister geschickt. Dieser bewirtete ihn mit Bier und Speisen – er wurde eingekeilt, damit er bleibe.

Feierabend: Neben der Zeitangabe von Bauleuten auch für ein Stück Holz, das sie an der Axt oder unter dem Arm öffentlich nach Hause trugen, benutzt. Feierabendsteine mit besonderen Kennzeichen in Ziegeleien, um die Tagesleistung zu bestimmen

Feiergeselle: aus der Arbeit getretener Geselle, der, statt zu wandern oder sich um andere Arbeit zu bemühen, in der Herberge bleibt und von seinen Ersparnissen lebt

Fördern: allgem. jemanden in einen besseren Stand setzen, Gesellen in Arbeit nehmen, Gesellen aufnehmen, Gesellen fördern

Fremdmachen: Kündigen der Arbeit

Gesellen sitzen lassen: Aberkennung der Eigenschaften und Rechte eines Gesellen

Geschenk: Speise, Trunk und Nachtlager für den zugewanderten Gesellen des eigenen Gewerkes. Um zu verhindern, daß andere Gesellen das Geschenk in Anspruch nahmen, entwickelte sich ein Examen für den Zugereisten (Handwerksgruß u. ä.). Gleich nach dem Zuwandern wurde das »kleine Geschenk« bzw. »halbe Geschenk« gewährt. Wird Arbeit gefunden, dann erhält der Geselle bei der nächsten Zusammenkunft das »große« oder »ganze« Geschenk.

Gleiche: Abschluß der Maurerarbeiten – Abgleichen der Mauer zur Aufnahme des Dachstuhles (s. S. 111)

Guter Montag: allgem. bei Gesellen andere Bezeichnung für blauer Montag (s. d.)

Handwerk, einfaches: Zunft besteht nur aus einer Berufsgruppe (Maurer, z. T. »einfach« und z. T. »vereinigt«)

Handwerk, geschenktes: Handwerksvereinigungen, bei denen ein Rechtsanspruch auf das Geschenk (s. d.) bestand; außerdem als Bezeichnung für Handwerksvereinigungen, die das Recht der freien unbehinderten Schenke (Zusammenkunft) hatten

Handwerk, gesperrtes: Gewerke, in denen Wanderverbot bestand

Handwerk, großes: wenn Meister in den Städten und auf dem Lande tätig sind (z. B. Maurer)

Handwerk legen: Zwangsmittel (keine Strafe!), um auferlegte Strafen zu büßen, z. B. Vernageln der

Werkstatt, Wegnehmen oder Versiegeln des Werkzeuges, bis eine Abfindung mit der Zunft erfolgte

Handwerk, tagewerkendes: Gewerke, die nur bei Tageslicht arbeiten konnten (z. B. Maurer)

Handwerk, ungeschenktes: Handwerksvereinigungen, die das Geschenk erteilen konnten, bei denen aber kein Rechtsanspruch darauf bestand

Handwerk, vereinigtes: Zunft besteht aus mehreren Berufsgruppen.

Haussegen: Ursprünglich wurde der Haussegen in den Querbalken über dem Eingang eingeschnitzt. War das Haus altersschwach, hing dieser schief. Haussegen auch als Spruch in der Küche aufgehängt. Bei Streit konnte er auch schief hängen oder herunterfallen.

Heben und Legen: Beginn und Ende der Arbeit; jetzt auch noch für Ende → Legen; Handwerk legen

Hoblung: symbolische Bearbeitung der Tischler- und Zimmerergesellen am Ende ihrer Lehrzeit (s. S. 139)

Kundschaft: schriftlicher Nachweis wandernder Gesellen über ordnungsgemäße Lehrzeit, Arbeit und offene Schulden. Auch zu Mitteilungen über andere Gesellen und Meister benutzt, wenn diese sich durch Wanderschaft einer Strafe zu entziehen versuchten

Kunstdiener: Steinmetzlehrlinge, die über das geforderte Maß hinaus besondere Fertigkeiten erlernten; besonders künstlerische Ausführung von Steinmetzarbeiten

Lade: schmuckvolle Truhe, die die wesentlichen

Gegenstände einer Handwerkervereinigung enthielt (Kasse, Kassenbuch, Willkommen s. d., Leuchter, Handwerksfahne u. ä.)

Licht versagen: zu spät kommen. Bei Beginn von Gesellenversammlungen wurde ein kleines Licht angezündet. Alle hatten sich in der Herberge einzufinden, ehe das Licht ausgebrannt war – sonst Strafe.

Lossprechen: Zeremoniell am Ende der Lehrzeit (s. S. 66)

Maurerregen: schwäb. für Feuersbrunst

Maurerschweiß: In Mecklenburg versteht man unter Maurerschweiß auch schlechten Branntwein.

Muthzeit: Wartezeit vor Aufnahme in das Handwerk – ursprünglich um ggf. durch zuwandernde Gesellen über Moral und Verhalten des Anwärters etwas zu erfahren – später um die Erlangung der Meisterschaft zu erschweren. Die Muthzeit (1/2 bis 6 Jahre) mußte mitunter bei einem Meister absolviert werden und wurde von diesem entspr. ausgenutzt.
–Eine Verkürzung der Muthzeit war für Meistersöhne, bei Heirat einer Meistertochter oder Meisterwitwe durch fremde Gesellen und durch Abkauf (Zahlung an die Zunft) möglich.

Neper: Rechenstäbchen, die die Multiplikation und Division vereinfachen

Örtengeselle: auch Ürtengeselle, Irtengeselle ortsansässiger bzw. ortskundiger Geselle von Urte, Ürte, Örte = Zeche
nahezu gleichbedeutend: Ladengeselle, Zechgeselle

Schicht machen: Feierabend machen.

Badeschichten; wenn Gesellen am Sonnabend etwas eher die Arbeit verließen, um zum Bade zu gehen.

Schlußstein: letzter Stein in einem Bogen oder Gewölbe, auch für letzten Mauerstein verwendet (s. S. 111)

Schnüren: Vorhalten einer Schnur, um von fremden Baustellenbesuchern ein Trinkgeld zu bekommen (s. S. 102)

Steinhauer: Steinmetzen, die im Winter in Steinbrüche zogen, um Arbeit zu finden

Überschießen der Kasse: Vertrinken des Kassenbestandes bei Handwerkszusammenkünften (s. S. 101)

Vogtländer: Zimmerleute, in deren Vereinigung nicht so strenge Zunftregeln wie bei den anderen Zimmermannszünften bestand – kein direkter Bezug zum gleichnamigen Gebiet nachweisbar gewesen

Willkommen: großer verzierter Pokal, der zum Begrüßungsumtrunk oder bei feierlichen Zusammenkünften benutzt wurde

Zimmer-Laus: bei den Zimmerleuten Bezeichnung für ein Holzstück, mit dem falsch gemessene oder zugehauene Stücke ausgeflickt werden

Zimmermannshaar: Für ungenaue Angaben, z. T. auch für nicht wahrheitsgemäße Angaben; das Zimmermannshaar hat unterschiedliche Größe:
Berlin – so weit, wie ein Zimmermann die Axt wirft
Schwaben – dreizehn Schuh
häufig – ein Zoll, als auch 7 Fuß.

Zunft, bevorzugte: auch gefestete Ämter – seit Beginn der Handwerkervereinigung bestehend. Im Gegensatz dazu:

Zunft, gewöhnliche: auch gewillkürte Ämter – durch Verleihung oder Vereinbarung entstanden

Zünftiges Gewerbe: Gewerke, die eine Zunft oder Innung bildeten (z. B. Maurer, Steinmetzen, Zimmerleute)

■ ■ ■

Literaturverzeichnis

Ackermann, Joh. Christ. Gottl.
Abhandlung von den Krankheiten der Künstler und Handwerker
Stendal 1780

Becker, Hermann
Der Bruderbund der deutschen Steinmetzen und Maurer
Solingen 1894

Beier, Adrian
De Collegii Opificum Perscriptus etc.
Von der Handwerks-Zunftwesen und sonderbaren Gerichts-Gebrauch
Jena 1688

Beier, Adrian
Allgemeines Handlungs-, Kunst-, Berg- und Handwerkslexikon
Jena 1722

Beier, Adrian
Vom Handwerkszeug (einschl.) vom Zünfte-Zwang
Jena, MDCXCI

Beier, Adrian
Der Meister bei den Handwerkern
Jena 1685

Beier, Adrian
Von baufälligen Häusern
Jena 1747

Berlepsch, H. A.
Chronik der Gewerke,
Bd. VIII Chronik der Maurer und Steinmetzen
St. Gallen 1853

Bringmann
Geschichte der deutschen Zimmererbewegung
Stuttgart 1903

Clara, P. Abraham a Santa (auch unter Megerle, Ulrich)
Etwas für alle
Wien 1699, 1711, 1712

Conradi, D. Franc. Caroli
Grundsätze der Teuschen Rechte in Sprichwörtern
Helmstädt 1745

Döhlers, Christian J. V. D.
Kurze Beschreibung der Handwerksrechte und Gewohnheiten
Jena 1730

Eckart, Rudolf
Stand und Beruf im Volksmund, eine Sammlung von Sprichwörtern und sprichwörtlichen Redensarten
Göttingen, o. J.

Eiselein, J.
Die Sprichwörter und Sinnreden des deutschen Volkes in alter und neuer Zeit
Freiburg 1840

Elberstadt, Rudolf
Der Ursprung des Zunftwesens
und die älteren Handwerksverbände des Mittelalters
Leipzig 1915

Fehring, Max
Sitte und Brauch der Tischler
Hamburg 1929

Feßler, Franz Carl
Bausprüche, bestehend in Maurer-, Zimmermanns-,
Dach- und Schieferdecker-Reden...
Quedlinburg und Leipzig 1833
(auch Reprint Zentralantiquariat Leipzig 1984)

Fleischmann, A.
Der blaue Montag
Hildburghausen 1878

Foerster, Richard
Das Baugewerbe in Poesie und Prosa
Langensalza 1931

Forck, L. (Hrsg.)
Urväter, Hausrat in Spruch und Lehre
Berlin 1885

Frisius, Fridericus
Der vornehmste Künstler-
und Handwerker-Ceremonial-Politica
Leipzig 1705–1715

Grimm, Jacob und Wilhelm
Deutsches Wörterbuch
Leipzig 1852

Heideloff, Ritter Carl
Die Bauhütte des Mittelalters in Deutschland
Nürnberg 1844

Heimsch, Carl
Handwerksbrauch der alten Steinhauer,
Maurer und Zimmerleute
Stuttgart 1872

Hertz
Deutsche Inschriften an Haus und Geräth
Berlin 1865

Keller, Albrecht
Die Handwerker im Volkshumor
Leipzig 1912

Klenz, Heinrich
Schelten-Wörterbuch, die Berufs-,
besonders Handwerkerschelten und Verwandtes
Straßburg 1910

Marquardt, W.
Russische Sprichwörter
Gera 1947

Orlamünder, Paul
Volksmund und Volkshumor
Bremen 1908

Otto, Eduard
Das deutsche Handwerk in seiner kulturgeschichtlichen
Entwicklung
Leipzig 1913

Rowald, Paul
Brauch, Spruch und Lied der Bauleute
Hannover 1892 und 1903
(auch Reprint Zentralantiquariat Leipzig 1975)

Schneider, Fr.
Über die Steinmetzzeichen
Mainz 1872

Schwarz, B.
Die deutschen Bauhütten des Mittelalters
und die Erklärung der Steinmetzzeichen
Berlin 1926

Shigulev, A.
Russkie narodnye poslovizy i pogovorki
Moskva 1958

Wander, K. F. W.
Deutsches Sprichwörter-Lexikon (5 Bände)
Leipzig 1867–1880

Weiß, Eugen
Die Entdeckung des Volkes der Zimmerleute
Jena 1923

Wissel, Rudolf
Des alten Handwerks Recht und Gewohnheit (2 Bände)
Berlin 1929

Zoozmann, Richard
Unartige Musenkinder
Leipzig (etwa 1914)

Kommersbuch für deutsche Techniker
Neustrelitz o. J.
(Hrsg. Verein »Vulkan« in Strelitz)

Die mustergiltigsten Zimmermanns-Sprüche
und Kranzreden beim Richten neuer Gebäude
Weimar 1887

■ ■ ■

Sachwörterverzeichnis

Erich Kästner Gehupft wie gesprungen; aus: Gesammelte Schriften für Erwachsene, Atrium Verlag Zürich 1969, © Copyright by Erich Kästner Erben, München. *Nils Werner* Leute gibt es ...; aus: Ein Wort kommt munter und keck, © Henschelverlag Kunst und Gesellschaft, Berlin 1976. *Manfred Kubowsky* Konstruktionsfehler ..., Es tut jeder Hütte ..., aus: Die Stellung ist krampflos zu halten, © Eulenspiegel Verlag für Satire und Humor, Berlin 1981. *Gerd W. Heyse* Hausfreund ...; aus: Der Hund des Nachbarn ..., © Eulenspiegel Verlag für Satire und Humor, Berlin 1978. *Hiltrud Lind* Ein Handwerker ...; aus: Das Weltbühnchen, © Eulenspiegel Verlag für Satire und Humor, Berlin 1983. *Andrè Brie* Bei manchem Handwerker ...; aus: Die Wahrheit lügt in der Mitte, © Eulenspiegel Verlag für Satire und Humor, Berlin 1982.

Wir danken Herrn Stefan Roth, München (im Auftrag der Dr. Eugen Roth Erben), für die freundliche Genehmigung des Abdrucks der Gedichte von *Eugen Roth* Das Haus, Baupläne, Der Ofen, alle Carl Hanser Verlag München.

ISBN 3-345-00667-7

5. Auflage

Am Friedrichshain 22
D-10407 Berlin
Printed in Germany
Gesamtherstellung: Druckhaus „Thomas Müntzer" GmbH, Bad Langensalza
Illustrationen und Einbandentwurf: Klaus-Dieter Steinberg
Herstellung: Rainer Spitzweg

Die Deutsche Bibliothek – CIP-Einheitsaufnahme

Bauen ist eine Lust ... : Sprüche, Gedichte, Lieder und Bräuche vom Bauen / zusammengetragen, sortiert und zusammengebaut von Ulrich Nagel. [Ill.: Klaus-Dieter Steinberg]. – 5. Aufl. – Berlin : Verl. für Bauwesen, 1999
ISBN 3-345-00667-7